まちづくり研究法

上山 肇 著

三恵社

はじめに

　私自身が自治体職員として行政の立場でまちづくりを総合的に行っていたところから、大学教員になり早4年が過ぎようとしている。大学教員となってからは、大学院の学生（主に社会人）に対してはできるだけ今までの自分の経験を活かし、まちづくりの実践を意識した教育や研究指導をするよう努めてきた。

　大学院での講義は、ゼミ（プログラム演習）の他、大学院生としてスタートする学生に対し、必修科目の「政策ワークショップ」、選択必修科目の「都市空間論」、プログラム科目の「地域社会論」、「比較都市事例研究」、「都市再生事例研究」、そして研究の初歩を教える「研究法」といった科目を担当してきた。その他にも研究科内の横断プロジェクトや大学院まちづくり都市政策セミナーといった大学内の活動を通して学生と共に学び、研究するという経験をすることができてきたと思う。

　本書は私自身がこの4年間、大学での諸活動（各授業や視察、シンポジウム等）を通して試行錯誤しながら“まちづくり”について、研究・教育の視点で考え、感じ、そして語ってきたことを綴ったものである。あくまで個人の観点からのもので広範囲に及んでいるが、本書がこれからまちづくりについて学ぶ方々や現在学んでいる方々にとって一助になればと考えている。

2017年3月

上山　肇

－目 次－

はじめに　　　　　　　　　　　　　......................... 1

第1章 "まちづくり" とは？　　......................... 4
　1.1 "まちづくり" の定義
　1.2 "まちづくり" を支える「計画」・「ルール」・「プロセス」
　1.3 最近のまちづくりのテーマ

第2章 "研究" とは？ "論文" とは？ 17
　2.1 研究と調査の意味
　2.2 論文とレポート
　2.3 論文を書くにあたって
　2.4 論文のカテゴリーと論文判定の基準

第3章 "研究計画" をたてる　　　......................... 29
　3.1 研究を計画する
　3.2 研究計画を8枚のスライドで作成する
　3.3 "研究法" 授業の成果

第4章 フィールドワークとワークショップ 43
　4.1 見て・聞いて・感じて "まち" を知る
　4.2 フィールドワークとは？ ワークショップとは？
　4.3 まちづくり事例研究の必要性

第 5 章 "まちづくり"の計画と評価 58
 5.1 評価の必要性と評価の方法
 5.2 アピールすることの重要性と意義
 5.3 評価基準（LivCom 評価項目）
 5.4 江戸川区の事例

事例研究 80
 ［事例 1］
  清水港のまちづくり(2013 年度横断プロジェクト)
 ［事例 2］
  小布施町の"交流"によるまちづくり
       (2014 年度横断プロジェクト)
 ［事例 3］
  松本市のまちづくり(2015 年度横断プロジェクト)
 ［事例 4］
  香取市のまちづくり(2016 年度横断プロジェクト)

おわりに 105

第1章 "まちづくり"とは？

"まちづくり"という言葉を最近ではいろいろなところで耳にする。"景観まちづくり"や"観光まちづくり"、"福祉のまちづくり"等々。いろいろな分野にこの"まちづくり"という言葉を掛け合わせて用いられている。それではこの言葉を使う側も一体どのくらいの人が、この"まちづくり"の意味について理解しているのだろうか。

"まちづくり"についてはニュースや新聞以外にも、書籍や自治体の発行物、ネットなどでも知る機会もあるだろうが、この"まちづくり"について"学ぶ"ということについても最近では様々なところでそうした機会をもてるようになってきている。

"まちづくり"に関連しては特に、カルチャースクールや大学の学部などで授業が開講されているところもあるが、大学院でも取り扱うことも多く、多くの方々がこの"まちづくり"を学んでいる。

この"まちづくり"のもとに"地域づくり"を掲げて2008年に独立大学院として誕生したのが、今私が勤務する法政大学大学院政策創造研究科であり、現在も多くの方々が集い、特に社会人の"学び直しの場"として活用されている。

1.1 "まちづくり"の定義

そもそも"まちづくり"とは一体何なのだろうか？　また、どういうことを意味するのだろうか？　人によって"まちづくり"の捉え方は様々あるだろうが、その定義について調べてみると下記のように整理されている[1.1]。

[まちづくり]

　地域住民が共同して、あるいは地方自治体と協力して、自らが住み、生活している場を、地域にあった住みよい魅力あるものにしていく諸活動。

　この"まちづくり"という言葉は戦後、高度成長期以後に、地方自治の発展と地域住民の活動が活発化するなかで多く用いられるようになった言葉で、地域性により、都市づくり、地域づくり・地域おこし、村づくり・村おこしなどが同義語として用いられてきた。

　特に 1980 年代に全国各地で展開されるようになった背景には、行政・自治体や地域住民の考え方の変化、生活や人間尊重の価値観や住民自治、地域個性重視の視点が組み込まれている[1,2]。その活動内容によっては、次のような多様な「まちづくり」がある。

["まちづくり"の定義 1]

　道路や建築物、緑など「物・施設（物的施設）づくり」を目的とするもの。新たにつくられることだけでなく、保存を目的とする場合もある。

　緑に関連して代表的なものに「公園」があるが、全国的にみても地域固有の特色のある公園づくりがされている事例が多数ある。

　写真 1.1 は江戸川区のフラワーガーデンである。送電線下を利用した延長 3km に及ぶ公園の一部であるが、四季折々の花が美しい。

　江戸川区では水と緑のまちづくりが進められてきており、公園整備の実績とともに親水公園や親水緑道の整備は全国的にも有名である。

["まちづくり" の定義2]
　特産物や観光資源、地場産業の開発など「暮らし（生業）づくり」を目的とするもの。

　地域によって地域特有の特産物や観光・産業といった暮らしに密着した資源がある。

　写真1.2は江戸川区の花卉栽培であるが、江戸川区は生鮮野菜「小松菜」の日本一の産地であるとともに、花のまちとしても有名である。多くの花卉園芸業者がいて、朝顔やシクラメン、ポインセチアなど、日本中に花を卸している。区内では花の即売会や花をテーマにしたイベントが一年中開かれ、多くの区民に親しまれている。

写真1.1(左)物的施設づくり（江戸川区フラワーガーデン、出典：江戸川区）

写真1.2(右)生業づくり（江戸川区の花卉栽培、出典：江戸川区）

["まちづくり" の定義3]
　お祭りや博覧会、スポーツ大会など「イベントづくり」を目的とするもの。

　それぞれの地域には伝統的な祭りや行事といったものがある。地域によっては近年、多彩なイベントも多く行われている。写真1.3は江

戸川区の「のぼり祭り」で、区内では最も古いとされる938年創建の浅間神社で行われる祭りである。高さ20mの幟を人力だけで立ち上げる。雨期に行われるため、別名「どろんこまつり」とも呼ばれている。

["まちづくり" の定義 4]
　生涯学習や医療・健康など「人づくり」を目的とするもの。

　写真1.4は江戸川区の「総合人生大学」で、講義や実践を通して様々なことを学び、その成果を地域に活かすことを目的とした学びの場である。年齢や国籍を問わず、地域貢献を目指す皆さんに門戸を開いている。2年間の過程を終了すると、卒業生は地域に出て様々なボランティア活動などをとおして"まちづくり"を実践している。

写真1.3 (左) イベントづくり（江戸川区のぼり祭り、出典：江戸川区）
写真1.4 (右) 人づくり（総合人生大学の講義風景、出典：江戸川区）

　こうした"まちづくり"もそれぞれが単独で存在することは少なく、お互いに関係をもちながら成立している（図1.1）。その時に「仕組みづくり（シクミづくり）」として"協働"[注1.1]の理念に基づく行政の役割が重要になる。

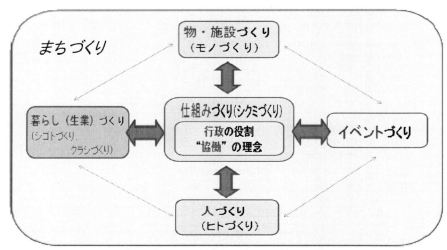

図1.1 "まちづくり"と"まちづくり研究"の範囲（筆者作成）

　写真1.5と写真1.6は江戸川区の「健康の道」であるが、ハード（施設）にソフト（事業）を掛け合わせた一つの"まちづくり"の形でもある。
　区では親水公園や新中川の堤防上などに距離表示板を設置し、ウォーキングや散策などが気楽に親しめるように健康の道づくりを進めている。「健康の道」にはわかりやすい説明板が設置されている(写真1.7)。

　また、"まちづくり"は、表現の仕方に「まちづくり」「町づくり」「街づくり」と3通りがあるが、現在では平がなの「まちづくり」が最も包括的な使われ方をし、「街づくり」は物的施設づくりを目的とした場合に、また「町づくり」はその中間の意味として使われることが多い[1.1]。

写真 1.5 (左) 新中川堤防上の「健康の道」 （出典：江戸川区）
写真 1.6 (右) 距離表示板 （筆者撮影）

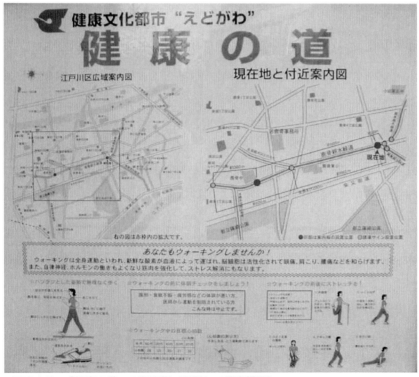

写真 1.7 「健康の道」の説明板 （現場にて筆者撮影）

1.2 "まちづくり" を支える「計画」・「ルール」・「プロセス」

こうした "まちづくり" は自然と形づくられるものではない。それを支えるものとして、行政や最近では住民と協働(注1.1)で一緒につくる「計画」や「ルール」、あるいはその過程として市民参加（合意形成）などの「プロセス」といったものがある。

都市あるいは地域・地区の「計画」とは地区独自の将来像を描いたものであり、まちづくにおいては例えば「都市マスタープラン(注1.2)」や「地区計画(注1.3)」といったものがある。これらはまちづくりを誘導するための手段（誘導手段）となるものである。

また、「ルール」とは地域や地区のまちづくりを具体的に実現するためのものであり、自治体が定める条例や要綱、あるいは協定といったものがあり、まちづくりにおいては規制するための手段（規制手段）となるものである。

そして、「プロセス」とは住民と適正に意思疎通を図るための過程のことあり、住民で構成される協議会や懇談会といったことを通して市民との合意形成を図るために必要なものである。この合意形成手段は現在まちづくりをする上で最も重要なこととして位置付けられており、その方法については創意工夫が求められている。

これら3つの他に、まちづくりの具体的な実現手段としての「制度・事業」といったものの活用もまちづくりを実現する上で大切な要素である。いくら計画やルールをつくり、きちんとプロセスを踏んだとしても、まちづくりを具体的に実現するためには、行政による制度や事業を活用する必要性がある [1.3]。それらを活用するかしないか（できるかできないか）によってまちづくりに大きな差とってあらわれる（スライド1.1）。

"仕組みづくり" = 「まちづくり」を支えるもの
"都市計画分野" を例として

- 計 画・・・地区独自の将来像を描いたもの
　　　　　　　→ 誘 導 手 段
- ルール・・・地区まちづくりを具体的に実現
　　　するためのもの → 規 制 手 段
　　　　　　　　　　（支 援 手 段）
- プロセス・・・住民と適正に意思疎通を図る
　　　ための過程　　→ 合意形成手段
- 事業・制度・・・具体的に実現するための手段
　　　　　　　→ 実 現 手 段

スライド1.1　仕組みづくりを支えるもの [1.3]

1.3 最近のまちづくりのテーマ

　まちづくりの中で最近、話題となっているテーマとして、地方創生や地域活性化、観光まちづくり、都市再生、地域イノベーション、協働、持続可能性、直近では女性活躍といったものがあるが、いずれもまちづくり研究では大切なキーワードである [1.2]。このうち「持続可能性」、「地域イノベーション」、「協働」、「地方創生」のキーワードについては、私の担当する政策ワークショップの授業でもすでに取り上げた [1.4]～[1.7]。

[地方創生]

　最近よく耳にするのがこの「地方創生」という言葉である。この「地方創世」は地方・地域が独自の特徴を活かし、自律的・持続的・魅力

的な社会をつくることを意味する。

地方創生の理念は「まち・ひと・しごと創生」という言葉によってさらに具体化されている。政府は「まち・ひと・しごと創生本部」を設置し、「まち・ひと・しごと創生法案」の検討をするなど、その取り組みを行っている。

主な内容として、東京一極集中の解消や地域社会の問題の解決、地域における就業機会の創出などがある。

[地域活性化]

「地域活性化」については、「地域おこし」などと併せて使われてきた言葉だが、地域が活性化していないので活性化しようというものであり、主に地方都市や農村・漁村を対象に「地域（地方）が、衰えた経済力や人々の意欲を向上させたり、人口を維持したり増やしたりするために行う諸活動のこと」を意味する[1,2]。

今でも地域において日常で生活を活性化する取組みでそれが継続的に行われている。地域活性化の事例としては、香川県高松市の丸亀町商店街の事例等が有名である。

[観光まちづくり]

「観光」はそもそも国際平和と国民生活の「安定を象徴し、その持続的発展は、恒久平和と国際社会の相互理解の増進を念願し、健康で文化的な生活をもたらす。また、地域経済の活性化や雇用の機会の増大など国民経済のあらゆる領域にわたって、その発展に寄与するとともに、健康の増進や潤いのある豊かな生活環境の創造といったことなどを通じて国民生活の安定向上に貢献する」と定義されている[1,8]。

国では観光庁も発足し、更に最近では東京もオリンピック開催に向け大々的に観光を掲げるようになってきていて研究のテーマとしても多く取り上げられるようになっている。

[都市再生]

前述の地域活性化とともに都市再生（英:Urban Renaissance）という言葉は、衰退しつつある都市を再び活性化させることを意味する表現として用いられているが、2002年に国が都市再生特別措置法を制定し、都市計画法を改正するなど短期間に効果がでる都市関連事業を公共・民間事業に関わらず支援していくこととしたあたりから具体的に動きだしている。

この都市再生について考えるとき、わが国が抱える共通の課題として、①安全性・ゆとり・うるおいに欠ける市街地 ②既存の経済ストック、社会資本の陳腐化、情報システムの遅れ ③グローバル経済化での競争力の低下 ④少子高齢化への対応 ⑤中心市街地の空洞化 の5項目が挙げられる[1,9]。

[地域イノベーション]

「イノベーション（英:innovation）」とはそもそも、物事の「新結合」「新機軸」「新しい切り口」「新しい捉え方」「新しい活用法」（を創造する行為）のことで、新しいアイデアから社会的意義のある新たな価値を創造し、社会的に大きな変化をもたらす自発的な人・組織・社会の幅広い変革を意味する。つまり、それまでのモノ・仕組みなどに対し新しい考え方や技術を取り入れて新たな価値を生み出すとともに社会的に大きな変化を起こすことを指す。

[協働]

「協働（英：cooperation, collaboration, partnership）」については近年、主に地方自治の分野でまちづくりの取り組みになくてはならないものとして考えられている。地域が抱える問題・課題を解決するために、市民だけでは解決できない問題・課題がある場合に、行政と市民あるいは事業者（企業、団体等）が共に協力して、これらの問題・課題解決に向けた取り組みをすることである。"協働"のまちづくりが推進されることによって、サービスの供給や行政運営上の効率が一層図られると考えられている。

[持続可能性]

持続可能性（英：sustainability）とは、一般的にはシステムやプロセスが持続できることをいうが、環境学的には生物的なシステムがその多様性と生産性を期限なく継続できる能力のことを指し、さらに、組織原理としては持続可能な発展を意味する。

すなわち、人間活動、特に文明の利器を用いた活動が将来にわたって持続できるかどうかを表す概念であり、エコロジーや経済、政治、文化の 4 つの分野を含むものとされる。経済や社会など人間活動全般に用いられるが、特に環境問題やエネルギー問題について使用される。

この概念は「ブルントラント報告」（国連環境と開発に関する世界委員会、1987 年）で提起された。以上から転じて、企業の社会的責任(CSR)との関係で、企業がその活動を持続できるかどうかという意味で論じられることもあるが、これは本来の用法とは異なる。

[コンパクトシティ]

コンパクトシティ（英：compact city）とは、都市的土地利用の郊外への拡大を制御すると同時に中心市街地の活性化が図られた、生活に必要な諸機能が近接した効率的で持続可能な都市、もしくはそれを目指した都市政策のことを指し、札幌市や青森市、仙台市、富山市、神戸市、北九州市といった事例がある。

実現しやすい都市の条件として、①公共交通網のある程度の充実 ②中心市街地で、ある程度文化活動が盛んなこと ③コミュニティが存在していること ④観光地としても成立しうる資源を持っており、人々が流入する要素があること などがある。

[女性活躍]

女性活躍（英：Female employees）については、女性の職業生活による活躍の推進に関する法律（女性活躍推進法）が国会で成立（2015年8月28日）したが、女性が本当に活躍するためにはこれだけではまだ十分とはいえない。

本当の意味で女性が活躍する社会を実現するためには、仕事の領域における女性の活躍の推進や家庭における男性の役割分担だけでなく、まちづくりにおいても保育園の整備など社会が子育て環境を整備することが求められる。

実効性のある女性活躍の場をつくるためには、実際に女性の声を聞きながら（あるいは市民参加を図りながら）、行政や企業・団体等と協働(注1.1)を図りながら具体的に進めていくことが求められる。

［注］

（注 1.1）行政だけでは解決できない問題・課題を市民や事業者と協力して解決していく
　　取り組みのことであるが、「1.3 最近のまちづくりのテーマ」にも記している。

（注 1.2）欧米ではジェネラルプラン、コンプリヘンシングプランとも言われ、日本では
　　都市計画マスタープラン、市町村マスタープランなどと言われている。

（注 1.3）地区単位の整備目標（将来像）や土地利用、公共施設、建築物等の整備に関す
　　る詳細な計画を法的に制度化したもの。

［参考・引用文献］

1.1）都市計画用語辞典、都市計画用語研究会、ぎょうせい、pp. 397-398、2004

1.2）キーワード地域社会学, 地域社会学会編、ハーベスト社、pp. 190-191、2011

1.3）実践・地区まちづくり、上山肇他、信山社サイテック、2004

1.4）持続可能な地域社会を考える、法政大学大学院政策創造研究科、政策ワークショ
　　ップ報告書、2013

1.5）まちづくりにおける"イノベーション"を考える、法政大学大学院政策創造研究
　　科、政策ワークショップ報告書、2014

1.6）"協働"による地域まちづくり、法政大学大学院政策創造研究科、政策ワークシ
　　ョップ報告書、2015

1.7）地方創生とまちづくり、法政大学大学院政策創造研究科、政策ワークショップ報
　　告書、2016

1.8）まちづくりキーワード辞典、三船弘道＋まちづくりｺﾗﾎﾞﾚｰｼｮﾝ、学芸出版社 p34、
　　2009

1.9）新・都市計画概論改定 2 版、加藤晃・竹内伝史編著、共立出版株式会社、p47、2007

1.10）政策創造のすすめ、法政大学大学院 政策創造研究 同窓会編、pp. 43-53、2016

第2章　"研究"とは？"論文"とは？

　それでは、次にまちづくりに関し"研究すること"・"論文を書くこと"について考えてみよう。大学院では研究をしてレポートや論文を書くという作業がある。研究や授業ではしばしばワークショップの手法も用いられている（第4章4.2参照）。

　まちづくりをする上でそこに携わる人々がいろいろな角度から研究することが必要である。「いや、私に研究なんか」とお考えの方もいらっしゃるかもしれないが、まちづくりに関しては人に応じたいろいろな分野・研究方法があってもいいのではないかと思う。

　そうは言ってもそもそも"研究"とはどのようなものなのか。これについては今、私が大学院において「研究法」という授業で教えていることなので基礎とはいえ初めての人には若干難しいと感じるかもしれないがひととおり目をとおしていただきたい。

2.1 研究と調査の意味

（1）研究の意味

　研究とはそもそも、「ある特定の物事について、人間の知識を集めて考察し、実験、観察、調査などを通して調べて、その物事についての事実を深く追求する一連の過程のこと」である。語義としては「研ぎ澄まし究めること」を意味する。

　研究の目的は突き詰めれば、新しい事実や解釈の発見である。それ故、研究の遂行者は、得られた研究成果が「新しい事実や解釈の発見」であることを証明するために、それが先行研究によってまだ解明されていないことも示す必要がある。

また、自身の研究成果が新しい発見であることを他の研究者によって認めてもらうためには、学会や査読付き論文等において研究成果を公表しなければならない。

（2）調査の意味
　調査には、公式統計調査の二次分析や実験、調査表調査やインタビュー調査、比較調査法や踏査等いくつかの方法がある。
　1）公式統計調査の二次分析
　　　既に発表されている公式の統計資料を分析することである。
　2）実験
　　　社会事象を対象とした実験を指す。
　3）調査票調査
　　　調査票による意識を主体とした調査を行うことである。
　4）インタビュー調査
　　　インタビューを重ねながら、人々の意識や事実関係の情報を収集して行う調査のことである。
　5）比較調査法
　　　多様な社会事象から、その事象間にある同一性あるいは異質性を探り、そこにある法則性を発見する手法を指す。
　6）踏査
　　　調査対象とする社会現場に入り、観察やヒアリングなど多様な手法で情報を収集することである。

大学院では、こうした調査を通して研究を進めていくことになる。
調査方法論ということについては、テキストでも使用している「キ

ーワード地域社会」で、調査方法には「統計的研究法(statistical method)」と「事例的研究法(case-study method)」があり、盛山和夫氏は、「両研究は相互排他的なものではない」とし、明確な基準に基づく事例の位置づけは極めて重要で、調査研究の成否の鍵を握るとしている[2.1]。

　私の授業では、初めて"まちづくり"を学ぶ学生に対して、まちづくりの具体例を実際に見て学ぶという意味において「事例的研究法」をまず勧めている。

2.2 論文とレポート

（1）論文とは，レポートとは

1）論文

　論文（英 paper）とは、「学問における研究あるいは研究成果などのテーマについて論理的な手法で書き記した文章」のことをいい、コミュニケーションの一形態をなすものである。

　これは、公共性をもった文書表現により、あるテーマのもとで問題（リサーチクエスションあるいは仮説）を立て、最終的に提出した問題に解答を与えなくてはならない。論文の説得については、「論理」と「実証」のみによって行われるものである。

2）レポート

　論文に対してレポートとは、論文の一つの形態をなすものであって基本的な定義や要件は論文と変わらない。レポートは、具体的には出題者によってテーマあるいは問題が定められた小論文ともいうことができる。

　またレポートは、講義の内容やテキストについて正確に理解され

ているかを確認するための手段でもあり、講義を行った教師とのあるテーマについての対話ともいうことができる。そこには「理解すること」と「返答すること」の二つの過程が要求されることになる。

（2）論文・レポートの作成手順

論文あるいはレポートの作成手順については、概ね次のようになる。

①テーマの設定（絞り込み）→②先行研究・データの収集→③構成の組み立て→④執筆→⑤文書推敲（チェック）→⑥提出

また執筆にあたって、ルールとして　イ.主張の「根拠」を示すこと　ロ.「先行研究」をふまえること　ハ.決まった形式を守ること（大学や学会など提出先によって異なるので注意する必要あり）　などがあることを知っておこう。

（3）論文・レポート資料の探し方

資料を探すにあたっては、いくつかの場面が想定できる。

1）場面その1：テーマの概要を理解する

使える資料としては図書や辞書・事典などがあり、主な検索ツールとして「OPAC」「BOOKPLUS」「ジャパンナレッジLib」などがある。

2）場面その2：「先行研究」を探す

使える資料としては、雑誌記事や論文があり、主な検索ツールとして「CiNii Articles[注2.1]」「MAGAZINEPLUS」などがある。

自分自身の研究を進める上で、他の研究者がどの程度自分が取り組もうとしている内容の研究をしているか（していないか）、どこまで（あるいはどんなこと）をしているかについて予め知っておく必要がある。

そのために「先行研究」を探すのであるが、特に「CiNii Articles」は日本語論文検索ができるシステムでこれを利用しながら、今までにどの分野でどのような研究がなされてきたのか、何が明らかになっていて何が明らかになっていないのか、そこから自身がこれからやろうとする（やりたい）ことを見極める必要がある。

そうすることによって、自身の研究の意味・意義が明らかにすることができる。

3）場面その3：「事実」を探す

使える資料としては新聞記事や統計資料などがあり、主な検索ツールとして「ヨミダス歴史観」や「統計局HP」などがある。

（4）論文の構成と順序

論文は、基本的に「序論・本論・結論」で成り立っており、序論・本論・結論の三つを併せた「本論」と「目次」「索引」によって構成される。

全体の構成順序としては一般的に、①まえがき→②目次→③本文→④付録→⑤文献表→⑥索引→⑦あとがき[注2.2]となる。

各部分の分量は概ね、「序論」5〜10%、「本論」80%、「結論」10%　が目安となる。

こうしたことを参考に論文を構成しよう。

2.3 論文を書くにあたって

（1）論文を書く上での要点

研究分野やテーマによっても研究の仕方や論文の書き方には違いはあるが、秋本福雄九州大学名誉教授は次のようにまとめている[2.2]。

① 論文の準備から完成まで、半年以上、三年以下とする。

② 論文のテーマは、自分の興味に合致し、必要な史資料が入手可能で扱いやすく、しかも研究方法が自分の経験の範囲内にあるものとする。

③ 論文のタイトルは、例えば「…の…における…に関する研究」のように、論文が取り扱う時間的、空間的範囲、研究方法や視覚を限定したものとする。

④ 既存研究の検索も含めて、図書館の利用法に熟達する。

⑤ 研究テーマの基本文献を読み、アウトラインを作る。

⑥ 資史料の収集には全体の三分の二以上の時間をかける。

⑦ 収集した材料を読み込み、読書ノートを作成する。その際、著者の見解と自分の見解を区別する。

⑧ 読書ノートに基づき、最初のアウトラインを修正する。

⑨ アウトラインの項目に対応させて、読書ノートの各部分をマーカーで色分けし、両者を関連づける。

⑩ この読書ノートに基づいて、アウトラインの項目毎に、主張と根拠を明示したパラグラフで草稿を組み立てる。

⑪ 草稿の推敲に出来れば一月かける。

＊ 論文とは何だろうか，どう書いたよいか、秋本福雄、都市計画 301（日本都市学会）、pp90-91、2013　より

　また、論文とは「主観的知識」ではなく、「客観的知識」を表現するものである。当然そこには「新しい知見」を提示する必要性があり、その「新しい知見」を「批判的な議論により、論理的かつ実証的なテストに堪えた知見」として提示しなければならない。

「良い論文」とは「古い知見を覆しつつ、より大きな説明力を持つ知見を提示し得た論文」であり、良い論文を書くには、「古い知見」、「真理に接近しようとする研究者の探究心」、「批判的議論」の三つの要素が不可欠である[2.2)]。

（2）論文の書き方
　それでは具体的に論文の書き方に迫ってみよう。「（1）論文を書く上での要点」で挙げた中から特に気をつけてもらいことを中心に触れておく。
　1）テーマの想定
　　自分自身が研究としてやりたいこと（現在興味をもっていること）を思い浮かべテーマを考える。
　　論文のテーマは、自分の興味に合致するものであること。また、必要な史資料が入手可能で扱いやすく、しかも研究方法が自分の経験の範囲内にあるものとすることが好ましい。
　2）論文タイトルの設定
　　最初は「〇〇について」、「〇〇に関して」でも良いが、「…の…における…に関する研究」のように、論文が取り扱う時間的、空間的範囲、研究方法や視覚を限定したものとする必要がある。
　　また、タイトルを決めるときには、研究のキーワードをきちんと整理する必要がある。
　　キーワードを当てはめながらタイトルをつくってみよう。主題に収まらないときは副題（サブタイトル）を設定すると良い。
　3）研究の背景や先行研究も含めた情報の収集
　　研究を進めるにあたり、最初にしなければならないこととして研

究の背景を調べる必要がある。背景も含め情報収集にはネットなども活用でき便利ではあるが、研究や論文作成にあたっては「2.2(3)」で述べたように大学等の図書館を大いに利用することを勧める。

　研究の背景について調べるときは、国や自治体のホームページから探してみるといろいろな情報が載っていることがある。

4) 研究ノートの作成

　3) で収集した情報や収集しながら思い浮かんだこと (アイディア) を研究ノートに記そう。せっかく思いついた研究アイディアも記録しておかないと忘れてしまう。

5) 研究目的の設定

　研究の背景や先行研究から何が明らかになっており、何が明らかになっていないのかを知り、この研究で自分が何をするのかを明確に「研究目的」として示そう。合わせて「研究の意義」についても示せると良い。

6) リサーチクエスション・仮説の設定

　研究の目的を達成するためのリサーチクエスション[注 2.3]あるいは仮説[注2.4]をたてよう。研究方法によって得られた結果が最終的に研究の結論に結びつく。

7) 研究方法

　リサーチクエスション・仮説を明らかにするための研究方法 (アンケート調査・ヒアリング調査・文献調査など) を示そう。

8) 研究 (計画) 概念図の作成

　自身が行おうとしている研究について、概念図を作成してみよう。この概念図の作成によって自身がやろうとしている研究についての全体像を把握することができる。これはあくまでも現時点でのもの

なので、研究の進捗によって修正をかけていくことになる。

　毎年、修士課程の入学者を対象としている「研究法」の授業では、今まで述べてきたことをもとに受講生に簡単なパワーポイントを作成させている。
　第3章では、今まで述べてきたことの実践として「研究法」の授業にそって研究計画の作成の仕方を学ぶ。ここではこの授業で学生が作成した作品についても併せて紹介する。

2.4 論文のカテゴリーと論文判定の基準
　研究・論文に関しては学問分野においても、その専門性からも細かく分類される。論文のカテゴリーについては学問分野に関係なく、どういった内容を主眼として書かれているかといったことをカテゴリーとして分けることがある。ここでは日本建築学会における査読論文の場合について一つの事例として挙げる。
　また、審査したときの判定の基準についても一般的なこととして日本都市計画学会のものを参考に挙げておこう。
（1）論文のカテゴリー
　日本建築学会の査読論文の論文集では論文のカテゴリーについて次のように示している[注2.5]。
　1）カテゴリーⅠ：
　　独創性のある萌芽的研究で、発展性の期待できるもの。
　2）カテゴリーⅡ：
　　新しい知見を与える有用性、実用性に富んだ実測・実験・調査等の研究で、信頼性が高く、学術的、技術的に価値のあるもの。

3) カテゴリーⅢ：

　独創性のある理論的または実証的な研究で、完成度の高いもの。

（2）判定の基準

　論文はどのような基準で判定されるのであろうか。日本都市計画学会では、学術研究論文発表会論文や一般研究論文において、判定の基準について次の項目で整理している[注2.6]。

① 研究の位置づけの適切性

② 問題意識・課題設定の適切性

③ 問題意識の明確さ、着眼点の面白さ

④ 使用した概念や方法の独創性・適切性

⑤ 論旨・論拠の妥当性・明確性、用いた方法と結果の信頼性、論証の適切性

⑥ 論拠とするデータ等の信頼性

⑦ 論文構成上のバランス

⑧ まとまりのある論文としての完結性・独立性

⑨ 論文題目の適切性

⑩ 表現・用語、関連文献引用等の適切性

⑪ 図表等の表現の適切性

⑫ 得られた結論の明確性・有用性

⑬ 得られた結論の新規性・独創性

⑭ 結論や提案の独創性・適時性・先駆性

⑮ その他（論文としての各種の適格性等）

⑯ 既発表論文等ではないか

［注］

（注 2.1） 日本語論文を探すための最も基本的なデータベースとして「CiNii」（サイニー）
がある。この「CiNii」は、国立情報学研究所で作成している、日本国内の学術論文、
学協会誌、大学の研究紀要を収録した論文情報データベース。

（注 2.2） 学会や大学によって書き方が決められている場合があるので注意が必要。

（注 2.3） リサーリクエスチョンとは、「研究の課題に対する具体的な問い」のことであ
り、この研究で解決すべき課題（論点・問題）を質問の形にしたものである。

（注 2.4） 仮説とは、「ある現象について説明するときに立てる仮定」を意味する。

（注 2.5） 日本建築学会投稿論文におけるカテゴリー分類より。

（注 2.6） 日本都市計画学会応募規定第 9 条 3)判定基準。

［参考・引用文献］

2.1) キーワード地域社会学, 地域社会学会編, ハーベスト社, p54, 2011

2.2) 論文とは何だろうか, どう書いたよいか、秋本福雄、都市計画 301（日本都市学会）、
pp90-91、2013

2.3) レポート・論文資料の探し方、法政大学図書館、2016

2.4) 論文作法－調査・研究執筆の技術と手順－、ウンベルト・エコ著（谷口 勇 訳）、
而立書房、2003

2.5) 論文の書き方、澤田昭夫、講談社学術文庫、1986

2.6) 論文のレトリック、澤田昭夫、講談社学術文庫、1993

2.7) 論文の書き方入門、鷲田小弥太、PHP 新書、1999

2.8) レポート・論文の書き方入門（第 3 版）、河野哲也、慶應義塾大学出版会、2005

2.9) 学術論文の技法、斉藤孝、日本エディタースクール出版部、1995

2.10) まちづくりキーワード辞典、三船弘道＋まちづくりコラボレーション、2009

2.11) 持続可能な地域社会を考える、法政大学大学院政策創造研究科、政策ワークショ
ップ報告書、2013

2.12) まちづくりにおける“イノベーション”を考える、法政大学大学院政策創造研究
科、政策ワークショップ報告書、2014

2.13)"協働"による地域まちづくり、法政大学大学院政策創造研究科、政策ワークショップ報告書、2015

2.14)地方創生とまちづくり、法政大学大学院政策創造研究科、政策ワークショップ報告書、2016

第3章　"研究計画"をたてる

3.1 研究を計画する

　それでは"研究計画"を実際にたててみよう。大学院に既に入学されている方は研究計画書を作成した経験があるだろうが、入学していざこれから実際に研究を進めるにあたり、今の段階で改めて自身の研究計画を確認してみよう。

　ここでは毎年行っている"研究法"の授業で取り扱っている範囲内でまとめることにする。

　私が勤務する大学院（修士課程）では、入学後最初に導入科目として「研究法」という授業がある。選択科目ではあるが、修士論文作成手法の習得を目的に、研究テーマの設定と先行研究を踏まえた研究計画書の作成を到達目標にしている。

　当初1単位の授業であったため、本当に基礎的なことしかできなかったが、2016年度から2単位になり、グループワークもできるようになった。私の授業ではパワーポイントを使用しているが、本章では2015年度の作品2点を紹介する。

　また、当研究科では「研究法」と併せて、論文・レポートの執筆に必要な基礎知識を身につけることを目的とした「レポートライティング」という科目も開講している。

3.2 研究計画を8枚のスライドで作成する

　パワーポイントではスライド8枚を作成することにしており、内容として、1枚目：研究のテーマ（論文のタイトル）、2枚目：研究の背景、3枚目：先行研究、4枚目：研究の目的、5枚目：リサーチクエス

ション（または仮説）、6枚目：研究の方法（手法）、7枚目：イメージ図、8枚目：参考・引用文献　という構成にしている。（紹介事例もそうだが、人によって若干順序が異なることもある。）

　それでは具体的に論文の書き方に迫ってみよう。「2.3　論文を書くにあたって」の中から触れることにする。

1) 研究のテーマ設定（想定）　　　　　　　　　　　**…スライド1**

　まずやりたいこと（興味をもっていること）を思い浮かべテーマを考えてみよう。

［テーマの設定］

　論文のテーマは、自分の興味に合致し、必要な史資料が入手可能で扱いやすく、しかも研究方法が自分の経験の範囲内にあるものとすることが好ましい。

---

2) 論文タイトル　　　　　　　　　　　　　　　　　**…スライド1**

　論文のタイトルについては、最初は「○○について」、「○○に関して」とする抽象的な表現となることが多い。最初はそれでも良いが、「…の…における…に関する研究」のように、論文が取り扱う時間的、空間的範囲、研究方法や視覚を限定したものとしてみよう。それだけで表現できないときにはサブタイトルを設定すると良い。

　このタイトルとサブタイトルで研究全体の内容がきちんと把握できるようにしよう。

［論文のタイトル］

　取り組もうとする研究テーマを「…の…における…に関する研究」に当てはめてみる。

---

3) 研究の背景　　　　　　　　　　　　　　　…スライド2

　どうしてそのテーマ（論文のタイトル）を設定しようと考えたのか。その研究テーマに関する社会的背景を調べよう。国や自治体の政策がどのような出来事からどのように移り変わってきたのか、具体的な事例があるのかなどについて調べよう。

［研究の背景］
　国や自治体の施策も含め社会的・学術的にどのような背景があるのかについて調べてまとめる。

4) 先行研究も含めた情報の収集　　　　　　　　…スライド3

　最近は非常に便利になり、ネットでもある程度の情報を気軽に得ることができるようになった。しかし、こうした手段だけに頼るのではなく、研究や論文作成にあたっては大学等の図書館を大いに利用しながら先行研究も含めた情報を収集しよう。

［情報の収集］
　既存研究（先行研究）の検索も含めて、図書館を有効に利用・活用しよう。

5) 研究の目的と意義　　　　　　　　　　　　　…スライド4

　他の研究者がどの程度自分が取り組もうとしている内容の研究をしているか（していないか）、どこまで（どのようなこと）の研究をしているかについて予め知っておく必要がある。

　そこで行う必要があるのが先行研究である。今までにどの分野でどのような研究がなされてきたのか、何が明らかになって何が明らかになっていないのか、そこから自身がこれからやろ

うとする（やりたい）研究の意味・意義が明らかになってくる。
その上で研究の目的を定めよう。

［研究の目的と意義］

　背景や既存研究（先行研究）から「研究の目的」とこの「研究の意義」を示す。「研究の目的」は、この研究で自分が何を明らかにするのかということを明確に「○○すること」というように具体的に示そう。

---

6)　リサーリクエスチョン・仮説　　　　　　　**…スライド５**

　「研究の目的と意義」が定まったら、次に「研究の課題に対する具体的な問い（リサーリクエスチョン[注2.3]）」あるいは「仮説[注2.4]」を立ててみよう。

［リサーリクエスション・仮説］

　リサーリクエスチョンあるいは仮説をたてる。リサーリクエスチョンは複数たてると具体性が増す。

---

7)　研究の方法　　　　　　　　　　　　　　**…スライド６**

　リサーリクエスチョン・仮説を明らかにするために、どのような研究方法（アンケート調査やヒアリング調査等）で取り組むのかを示す。

［研究の方法］

　リサーリクエスチョンあるいは仮説を解決するための研究方法を示す。（いつ・誰に、何を聞くのか　など）

---

8)　概念図の作成　　　　　　　　　　　　　**…スライド７**

　毎年、修士課程入学者を対象としている「研究法」の授業で今まで

述べてきたことをもとに簡単なパワポを作成させている。ここでこの授業で学生が作成した作品を紹介しながら概念図の作成について考えてみよう。

［概念図の作成］
　現時点で自身が行おうとしている研究の概念について、図を作成（絵に）してイメージしてみよう。

9）参考・引用文献　　　　　　　　　　　　　　　　…スライド8
　研究計画をたてるにあたりどのような文献（論文・書籍等）を参考・引用したかを示す。

［参考・引用文献］
　研究計画をたてるにあたり参考に（あるいは引用）した文献について示す。

3.3　"研究法"授業の成果

　それでは今まで述べてきたことの具体的事例として、実際に学生が作成した作品を紹介する。紹介する作品は次の2件である。

（1）2015 年度 修士 1 年　高 歓 氏 作品　PP スライド 8 枚
　　テーマ：中国唐山市における市民協働の都市ゴミ処理施策に関する
　　　　　　考察－日本水俣市の取り組みとの比較を通して－

（2）2015 年度 修士 2 年　原口 佐知子 氏 作品　PP スライド 8 枚
　　テーマ：地域まちづくりにおける市民ファシリテーターの役割に関
　　　　　　する研究－静岡県を事例として－

中国唐山市における市民協働の
都市ゴミ処理政策に関する考察

－日本水俣市の取り組みとの比較を通して－

2015年6月10日

法政大学大学院 政策創造研究科 修士1年

高　歓

1.　研究の背景(1)

［唐山市］

- 中国の重要な工業都市に成長
  - →発展とともにごみ問題が深刻化
- 市民一人あたりの生活ゴミ排出量
  - 約0.149t（2010年）→約0.186t（2014年）
  - **0.037t増加**（「唐山市国民経済と社会発展統計公報」等）
- 2009年「唐山市生活垃圾処理費徴収管理暫行方法（規定）」決定（2010年2月から施行）
  - →ゴミ回収の有料化やルール違反者への罰金制度などを定めた。
  - →大きな改善は見られていない。

1. 研究の背景(2)

[水俣市]
- 環境問題の深刻化
  → 1956年に水俣病が発生 → 多くの犠牲者
- 環境問題の重要性の強い意識と感心（市民）
  → 「環境基本条例」制定(1993年)
  → 全国に先駆けゴミの分別収集を始めた。
  (現在の分別種類数は24種類、全国でも最も細かいレベル)

- **市民との"協働"による効果**
  (例えば、「ごみ減量女性連絡会議」という取り組み)

- ⇒唐山市の問題の所在：ゴミ処理対策において市政府と市民との"協働"がないこと

2. 研究目的

○自治体と市民との"協働"で進められてきた
　水俣市のゴミ処理についての施策・取り組みを分析

＋

○唐山市のゴミ処理における問題点を整理

●<u>市民協働による問題解決の道を明らかにする</u>

3. 研究の方法

1. 文献調査
　水俣市史、行政資料、オープンデータなどから水俣市のゴミ処理政策に関する資料を収集し、同市のゴミ処理の施策の背景や方法、生まれた効果などを整理し実行し考察する。

2. アンケート調査
　中国の唐山市の市民(500名)を対象にアンケート調査を行い、唐山市民のゴミ問題への意識を把握する。具体的には、ゴミについての基本知識やゴミ処理に関する現在の行動、市民協働に関する意識や行政に求める政策などの情報を収集する。その上で、唐山市における市民協働の可能性を考察する。

3. インタビュー調査
　唐山市のゴミに関する施策の実態を把握するため、唐山市政府への聞き取り調査を行う。また、水俣市や同市の市民団体の代表にインタビューし、市民協働の施策がどのように進められてきたか実態調査を行う。

4. 先行研究

『中国のゴミ政策分析』

(1)尹秀麗(2008)：中国の生活ゴミ処理の現状とゴミ処理有料化政策、一橋大学機関リポジトリ

(2)汪 勁(2012)：中国『環境保護法』の効果的な一部改正に関する考察、龍谷政策学論集 1(2)，pp. 51-57，2012-03-23

(3)王 棟枝、吉田 聡、佐土原 聡：中国における都市生活ゴミの対策に関する研究 ： 沈陽市ゴミ処理システムへの提案、学術講演梗概集．D-1

『中国の協働』

(1)横浜 勇樹：中国都市部における草の根NGO の地域福祉活動に関する研究、高知学園短期大学紀要 第42 号（2012） ： pp. 75- 85

(2)李 哲：中国におけるNPO/NGOの現状と課題、龍谷大学大学院経営学研究科紀要 13，p151，2012-06-10

5. 想定される新たな知見（仮説）

- 政府と市民との"協働"の重要性を中国全土に知らせることができる。
- 唐山市のケースからゴミ対策のモデルをつくることにより、中国における環境問題に関する市民協働の今後の展開の可能性を示唆することができる。

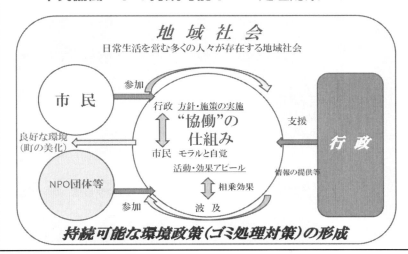

『地域まちづくりにおける
市民ファシリテーターの役割に関する研究』

―静岡県を事例として―

2015年4月13日

法政大学大学院　政策創造研究科
修士2年　原口 佐知子

---

1. 研究の背景

* **過　去**　　： 行政任せの"まちづくり"
多くの環境を壊しながら、海や川を埋め、山を崩し、
公共施設や交通網が整備されてきた。（機能性と効率性）

* **時代の流れ**："市民参加型のまちづくり"への変化
地域に住む一人ひとりが過ごしていて心地よいと感じ、
心から自分の住んでいる"まち"を次代へ継承しようという
想いから生まれる"まちづくり"へ。　　　（次代への継承）

* **現　在**　　： "対話の場"の必要性
地域の課題（人口減少,少子高齢化,インフラ整備，教
育・・・）を地域住民が考えるとき、必要なこととして住民の
声を聞き、その"対話の場"をファシリテートする人材が求
められている。　　　　　（ファシリテーターの意義）

2. 研究の目的

- "対話の場"は、地域にいる声の大きな人や、権力者である者が決定権を持ってしまうことなく、「いつでも、誰でも参加し、平等に意見を言える場」でなければいけない。
- 市民がファシリテーションを習得することで、従来の行政職員やコンサルへの委託ではなく、今後の人口減少に合わせて、今から市民が自治力を付ける必要性がある。

① 地域まちづくりにおける対話の場において、
　"一市民としてのファシリテーターの意義と有効性"を明確化すること。

② 静岡県を事例としながら地域まちづくりにおける"市民ファシテーターの有効性"から"市民自治のあるべき姿"を示すこと。

3. 研究の方法

[行政・市民ファシリテーターへのヒアリング調査]
- 静岡県牧之原市が取り組んできた"市民ファシリテーター"導入から現状までの経緯から"市民自治"のあるべき姿を捉える。

[35市町へのアンケート調査、ヒアリング調査]
- 静岡県35市町を対象とした『静岡県における"協働"の取り組みと地域まちづくりに関する調査（2014年9月〜11月実施）』

[比較都市事例研究]
- 他県の先進事例（富山県氷見市等）と比較して、"市民ファシリテーター"のあり方を明確にする。

4. 先行研究

[WSにおけるファシリテータの介入分析]
* 曽我・錦澤(2008)：まちづくりワークショップにおけるファシリテーターの介入に関する研究、環境情報科学論文集

[ファシリテーターのスキル分析]
* 安部・湯沢(2001)：ワークショップにおける合意形成プロセスの評価、日本都市計画学会

[市民や行政職員の意識の変化分析]
* 村田・延藤(2000)：参加型計画づくりにおける住民と行政の意識及び計画内容の変容家庭についての考察、日本都市計画学会
* 倉原(1999)：市民的まちづくり学習としての住民参加のワークショップに関する考察、日本建築学会

5. 想定される新たな知見(仮説)

* 市民ファシリテーターの存在によって"協働"が一層推進される。(住民参加の促進)
* 合意形成過程に市民ファシリテーターが関与することで実効性のあるまちづくりが実現できる。
* 住民が市民ファシリテーターとして活動することにより次世代へ地域まちづくりが継承される。

* 写真1,2(右)
ワークショップにおける
市民ファシリテーター活動の様子

6. 新たな市民自治の構築

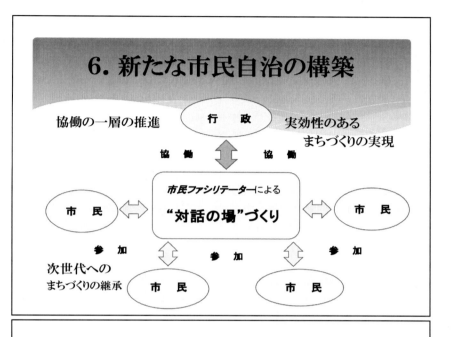

7. 参考・引用文献

曽我・錦澤(2008)：まちづくりワークショップにおけるファシリテーターの介入に関する研究、環境情報科学論文集

* 安部・湯沢(2001)：ワークショップにおける合意形成プロセスの評価、日本都市計画学会
* 村田・延藤(2000)：参加型計画づくりにおける住民と行政の意識及び計画内容の変容家庭についての考察、日本都市計画学会
* 倉原(1999)：市民的まちづくり学習としての住民参加のワークショップに関する考察、日本建築学会
* 中野民夫(2001)：ファシリテーション革命 参加型の場づくり技法、岩波アクティブ新書
* 中野民夫・堀公俊(2009)：対話する力 ファシリテーター23の問い、日本経済新聞社

[**参考・引用文献**]

3.1) キーワード地域社会学, 地域社会学会編, ハーベスト社, p54, 2011

3.2) 論文とは何だろうか, どう書いたよいか、秋本福雄、都市計画 301（日本都市学会）、
pp90-91、2013

3.3) 論文作法－調査・研究執筆の技術と手順－、ウンベルト・エコ著（谷口 勇 訳）、
而立書房、2003

3.4) 論文の書き方、澤田昭夫、講談社学術文庫、1986

3.5) 論文のレトリック、澤田昭夫、講談社学術文庫、1993

3.6) 論文の書き方入門、鷲田小弥太、PHP 新書、1999

3.7) レポート・論文の書き方入門（第 3 版）、河野哲也、慶應義塾大学出版会、2005

3.8) 学術論文の技法、斉藤孝、日本エディタースクール出版部、1995

第4章　フィールドワークとワークショップ

　"まちづくり"について研究するときに、できるだけ現場（フィールド）をもつと良い。逆に事例研究として最初は具体的なフィールドをもった方が具体的なまちづくりを認識（実感）することができ研究が進めやすい。

4.1 見て・聞いて・感じて"まち"を知る

　まちづくりを勉強・研究するときに、実際に対象となる"まちづくりの現場（フィールド）"を体感すること（フィールドワーク）が大切である。現場（フィールド）で得られる実際の体験が、研究を進める上でも生きた情報源となるからである。

　書籍や情報誌などによって得られる情報で得られるもの以上に現場（フィールド）は様々なことを教えてくれる。実際にまちづくりを見て・聞いて・感じることにより現場（フィールド）の方から伝えられるものがあり、それが独自性にとんだ勉強・研究につながることになる。

　こして得られた情報は、文献等で得られた点的な情報から線的な情報あるいは面的な情報へとつながっていき、最終的にその"まち"を体系的にとられることができる。

　自らの足でまち（フィールド）を歩き、自らの目で現場を確かめ、体で感じてリアルタイムの情報を手にいれることが重要である。書籍や文献などで得られる情報は、古い過去のものであり、その時に現場で得られる情報は正に最新のものである。この最新の情報によって研究をすることが大切である[4.1)]。

43

4.2 フィールドワークとは? ワークショップとは?

（1）フィールドワーク

　そもそもフィールドワーク（英：field work）は、ある調査対象（地域）について学術研究をする際に、そのテーマに即した場所（フィールド・現地）を実際に訪れることから始まる。

　そして、その対象地域を直接歩いて見てまわることにより観察し、場合によってはまちづくりの関係者（自治体を含む）には聞き取り調査（ヒアリング）やアンケート調査を行い、更に、現地での史料・資料の採取を行うなど、学術的に客観的な成果を挙げるために行う調査技法である。

　フィールドワークをするときに大切なことは、その"まちづくりの現場（フィールド）"を「問題意識をもちながら歩き、見ること」である。そうした意識をもつかもたないかでまちの見え方も違ってくる。その際、その地域の様々な情報をもっている自治体を尋ねることも勧める。

　法政大学大学院政策創造研究科では毎年、横断プロジェクトで赴いている場所も研究のフィールドとなりえるが、そうしたフィールドワークによって行われた事例研究を本書巻末に示す。

（2）ワークショップ（まちづくりワークショップ）

　ワークショップとは、参加者が自発的に作業や発言を行える環境が整った"場"においてあるテーマの下に問題解決等を行う手法である。

　ワークショップは、取り扱う分野によって目的や状況が異なる。運営においては、ファシリテーターと呼ばれる司会進行役が中心となり、参加者全員が体験するという形態が一般的となっている。入学当初に

ある政策ワークショップの授業では、この手法について体験することになる。

　ここでは特に“まちづくりワークショップ”について記すが、住民参加型のまちづくりにおいては合意形成の手法として、住民が中心になって地域の課題を解決することを目的に、このワークショップの手法がよく用いられている。

　まちづくりにおけるワークショップとは、「コミュニティの課題解決や資源活用のために、多様な立場の人々が参加し、各種の共同作業を通じてお互いに触発されながら創造的なアイディアを生み出し、実践につなげていくための会合」[4.2)]としている。

　具体的には、公園づくりや施設づくり、公共施設の計画づくりや住宅・都市のマスタープランづくりなどで幅広く用いられている。地域社会における課題解決にも活用されることがあり、住民参加型の活動形態のひとつとして位置づけられている。

（3）ファシリテーター

　1）ファシリテーターとは

　ファシリテーターとはワークショップが円滑に進められるよう助けをする役割を果たす人のことである。実際にはワークショップの進行計画やプログラムを作成したり、ワークショップにおける進行役をする。

　H. サノフはその著書[4.3)]で、ファシリテーターの役割は「人々が現に有している、または有している可能性のある資源を、人々が恩恵をこうむるようなやり方で開発すること」だとしている。

　最近では牧之原市の市民ファシリテーターや氷見市の職員ファシリ

テーターの事例にも見られるようにまちづくりにおいても合意形成するための手段として活用されるようになってきている。

　2）ワークショップにおけるファシリテーターの役割・注意点

　大学院における授業でもワークショップやファシリテーターについて実践しているが、政策創造研究科における「政策ワークショップ」の授業では、ファシリテーターが重要な役割を果たす。授業で使用しているファシリテーターの役割・注意点として次のようなことがあるので具体的に示そう。

［ファシリテーターの具体的実践例（政策ワークショップ受講者作成）］

1）メンバーが揃わないとき

　「皆さん、どうしましょうか？」と聞く。5分待つのか、あるいは始めてしまうかはファシリテーターが決めることではない。（結果的に会議の終了が長引いても全員が共通認識して遅らせたことになる。）

2）声の大きな人がいる場合

　明らかに邪魔なくらい声の大きい人がいる場合（今回のようにオバサンと若い女子では圧倒的にオバサンが強い）、「じゃ、ひとり1分くらいで意見を順番に話しましょう〜」とか「他の皆さんのご意見はどうですか？」のように全員が発言するように仕向けると、段々オバサンは若い女子を助けてくれるようになる。（そこで気づきが生まれる。）

3）意見がまとまらない場合

　「なかなか一つにしぼりこめませんが、これで良いですか？」って聞いてみる。それで良ければよし、焦れば皆が動き出す。ファシリテーターは、あくまで進行を助けるだけである。

4) 大学院授業におけるグループでのワークショップの場合

30〜50 人のワークショップの場合は、各テーブルにサブファシリテーターをつけると進行が楽だが、各ファシリテーターが事前にどのような進行をするのか、想定される成果を共有しておかないと結果がバラバラになってしまう。

5) 事前準備

ワークショップでは事前準備が 9 割と習ってきた。当日は何が起こるか分からないし（実際グループによっては、資料やテーマの変更があった）、ひたすら否定的な意見を言う人もいる。当日バタバタ慌てないためにも、しっかりとした準備と共有が必要である。

4.3 まちづくり事例研究の必要性
（比較都市事例研究・都市再生事例研究）

まちづくりを研究するとき、第 2 章 2.1 の調査方法論で統計的研究法(statistical method)と事例的研究法(case-study method)のところでも取り上げたように、「事例に学ぶ」ことは大切なことである。いくつかの具体的な事例を実際に比較するということから様々なものが見えてくるからだ。

私が大学院で担当しているまちづくり事例研究の授業では隔年で「比較都市事例研究」と「都市再生事例研究」を開講しているが、この授業では、学生の研究テーマに即した具体的なまちづくりを取り上げ学んでいる。

「比較都市事例研究」は、2 つ以上の都市を比較しながら研究するものであり、両授業とも最終的にはパネル（ポスター）を作成してい

る。それらの結果は「法政大学大学院 まちづくり都市政策セミナー」
の学生ポスターセッションで発表することを目指している。
　本章では、今までに学生が「比較都市事例研究」あるいは「都市再
生事例研究」の授業において作成した作品の中から、代表的なものに
ついて紹介する。

作品1　［2013年度 都市政策セミナー（作品概要）］

・発表学生：

　　牧田 博之（大学院政策創造研究科　修士1年）

・ 活動テーマ：

　　「静岡市における"住民参加のまちづくり"に関する研究
　　　　　　　　　　　　　－清水区庵原地域における取組みー」

・ 概　要：

　　国レベルの大規模事業が進む中、地域住民が変貌する地域の将
　来に対して不安・危機感を感じていた。地域の課題や"こんなま
　ちにしたい"ということをワークショップというかたちで自ら企
　画し、試行錯誤を重ねながら自治会と共にまとめ、市長に対し提
　言書を提出した。

法政大学 都市政策セミナー ポスターセッション 131026

静岡市における"住民参加のまちづくり"に関する研究
＝清水区庵原地域における取組み＝

政策創造研究科
上山ゼミ
M1 牧田博之

1. 平成大合併の先駆け：新静岡市（72万人）

平成15年4月　旧静岡市＋旧清水市「新設（対等）合併」
　　　　　　　（48万人）　（23万人）

平成17年4月　政令指定都市移行
　　　　　＝政令市の要件緩和
　　　　　（100万人→70万人）初適用＝

平成18年3月　旧蒲原町を吸収合併
　　　　　　　（1.7万人）

平成20年11月　旧由比町を吸収合併
　　　　　　　（1万人）

2. 遠ざかる行政 （身近なまちづくりの仕組みの変化）

(1) 明治～「旧庵原郡庵原村」

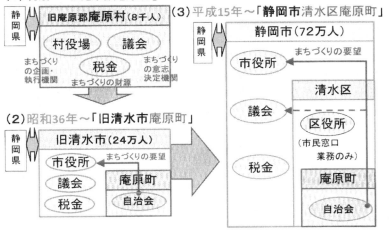

(3) 平成15年～「静岡市清水区庵原町」

(2) 昭和36年～「旧清水市庵原町」

49

3. 将来に対する**不安・危機感**（多くの大規模事業の中で）

4. 挑戦スタート！"住民参加のまちづくり活動"

(1) 単位自治会ごとの問題点・課題の抽出
   ① 期間：平成22年3月～8月
   ② 回数：12回（全自治会・各1回）
   ③ 参加者数：302名（合計）
   ④ 抽出件数：331件（合計）

(2) "こんな庵原にしたいWS"の開催
   ① 期間：平成22年9月～平成23年2月
   ② 回数：6回
   ③ 参加者数：述べ233名

(3) 報告書の作成（平成23年4月）

(4) 市長への要望書提出（同12月）
   「庵原地域のまちづくり提言」

(5) WS状況の地域内広報
   「ふれあいいはら」での紹介（毎月）
   と要望書の地域内全戸回覧実施

5. 成果と課題

成果 (1) 地域住民の"身近なまちづくり"に対する参加意識が高まり、地域内で目指す姿（方向性）が共有化されてきた。

(2) 事業の検討や企画を担う組織「フォーラムいはら」が設立され、まちづくり推進組織の中に位置づけされた。（右図）

(3) 地域の主要産業である農業に関する県との合同プロジェクト「オレンジフロンティア」がスタートした（平成24年4月～）

課題 (1) 「地域の総意」が形成される、より良いWSの追及

(2) 目指す姿の定期的見直し作業の実施（活動の継続性）

(3) 市の地域計画・総合計画等、行政プランへの反映

(4) 活動内容の地域内への周知徹底と対外的広報PRの強化

(5) 地域のまちづくり推進における人手不足・財源不足の解消と、更なる 組織の強化充実

6. まとめ（まちづくりに係わる地域コミュニティの姿について）

(1) 地域のまちづくり組織の推移

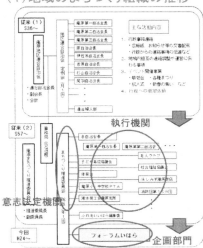

(2) 従来の問題点

① 従来の自治会組織では将来に向けた「まちづくり」活動は困難
・自治会長と役員が毎年変わる（当番制）
・仕事量が手一杯（年々増加）

②「まちづくり推進委員会」に中長期的に、事業内容を検討するスタッフ部門が無い

③ 責任と権限について、法的裏付けが無い

(3) 仮説 <市民参加のまちづくりを進めるためには‥>

① 地域コミュニティの有志が参加できるまちづくり推進組織が必要である

② 自治体組織とは一体性を保ちながらも、機能区分けが必要である

③ 組織内に、意思決定機関、執行機関、と共に事業検討・企画部門が必要である

④ 組織・役員の責任と権限、財源について法的な整備が必要である

「地域包括ケア」「地域防災」等を総合的にマネージメントできる地域自治組織の構築

作品2 ［2015年度 都市政策セミナー（作品概要）］

・発表学生：

　　渡邉 毅（大学院政策創造研究科　修士1年）

・ 活動テーマ：

　　「伝統工芸を活用したまちづくり－輪島市を事例に－」

・ 概　要：

　伝統工芸を活用したまちづくりは全国各地で行われているが、輪島といえば誰でも漆器の輪島塗を思いうかべる。輪島市は各地にある漆器産業の中で、政府公認の漆器の伝統工芸士の人数が一番多く、かつ「産品ブランド調査」の想起度・購買意欲ランキングでは輪島塗は第1位である。

　また、輪島塗は、ブランド性・芸術性が高く評価され観光においても大きな影響を及ぼしている。ここでは輪島市を事例に地域産業の観点から伝統工芸が地域活性化に果たす役割について明らかにする。

伝統工芸を活用したまちづくり

（輪島市を事例に）

法政大学大学院　政策創造研究科修士1年
渡邉　毅　2015.10.24

キリコ　／　木地づくり　／　下塗り　／　上塗り　／　加飾

背景と目的、リサーチクェッション

《背景》
伝統工芸を活用したまちづくりは全国各地で行われているが、輪島といえば誰でも漆器の輪島塗を思いうかべる。
輪島市は各地にある漆器産業の中で、政府公認の漆器伝統工芸士の人数と、伝統工芸品生産額が一番多い。かつ、「産品ブランド調査」の想起度・購買意欲ランキングでは輪島塗は第1位である

《目的》
輪島塗は、芸術性・ブランド性が高く評価され観光においても大きな影響を及ぼしている。ここでは輪島市を事例に地域産業の観点から伝統工芸が地域活性化に果たす役割について明らかにする

《リサーチクェッション》
伝統工芸はまちづくりの役に立っているのでは？

Key word:伝統工芸、伝統技術、伝統祭り、輪島塗、まれ、都市再生、地域産業

伝統工芸とは？　①主に日常で使用　②製造過程の主要が手作り　③伝統的、原材料を使用
　　　　　　　　④伝統的技術・技法によって製造　⑤一定の地域で産地形成

輪島市概要

能登半島の西側に位置する。人口は約3万人である。江戸時代の中期以降は漆器業の輪島塗が盛んとなり北前船によって市場への運ばれた。《観光業》「漆の里（輪島塗）」「禅の里（総持寺）」「平家の郷（上時国家）」や朝市がある。また白米千枚田（棚田）、揚げ浜式製塩などの里山里海は2011年にFAOの世界農業遺産に認定され、また日本の里100選に選ばれた金蔵がある。《製造業》輪島塗は、職人や技術者による手作業の工程を、幾重にも繰り返され完成する。《漁業》寒流が交わる沖合の天然礁の好漁場は、1年を通じて豊富な魚介類の水揚げに恵まれる

輪島市産業別比率
輪島塗職人約40％

【輪島塗】
1991年は180億、870社 2800人 ➡ 2014年は39億円、550社、1400人

工程：塗工程が多い
特徴：堅牢、輪島製の珪藻土を下地、布着せ

輪島塗と他漆器地域との比較

各漆器生産地の伝統工芸士数と伝統工芸品生産額

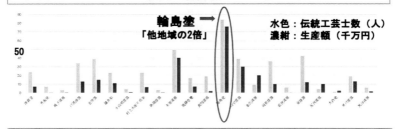

輪島塗 →
「他地域の2倍」

水色：伝統工芸士数（人）
濃紺：生産額（千万円）

産品ブランド調査結果
知っている伝統工芸品も欲しい工芸品も「輪島塗」

	1位	2位	3位	4位	5位	9位	10位
想起度：地域ブランドとして思いつく	輪島塗	有田焼	西陣織	伊万里焼	瀬戸焼		九谷焼
購買意欲度；買ってみたいと思うもの	輪島塗	琉球ガラス	薩摩切子	紀州備長炭	有田焼	加賀友禅	

輪島市での漆器産業の立ち位置

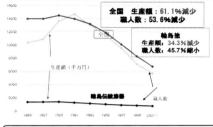
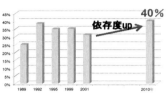

全国 生産額：61.1%減少
職人数：53.6%減少

輪島塗
生産額：34.3%減少
職人数：45.7%縮小

第2次産業中の漆器職人比率
40%
依存度up

全国漆器生産低下、業界中で輪島塗の方が生産額・職人の減少率は少ない

輪島市活性化の動き

・観光客へ3つの里（郷）構想を前面にまちの魅力を発信 ➡ 「漆の里」「禅の里」「平家の郷」
・歴史的な伝統的生産方式の遺産化 ➡ 「世界農業遺産」（能登里山里海：揚げ浜式製塩、白米千枚田）
・他の観光資源 ➡ 朝市、祭り、水産物、温泉、
　　　　　　　　　　　伝統文化を楽しむふるさと体験実習

輪島塗を主体とした活性化の動き

・輪島塗を飲食店や宿泊施設に！漆器を購入補助金を交付する事業を展開。他、漆器の貸し出しで慣れ親しむ。
・市内漆見学コース設定：各漆器工房体験、工房めぐり
・2009年、フランス人デザイナー、ブルレック兄弟が新デザイン提案
・輪島塗関係施設の建設：輪島漆芸美術館、輪島漆会館、漆器研修所
・2015年テレビドラマ「希（まれ）」に題材として採用。モデルの大崎工房は、2015年9月に店内にドラマで使用した漆器を展示 【工房巡り】

工房巡りの塗師屋の表札

輪島市、現在の観光客の訪問状況

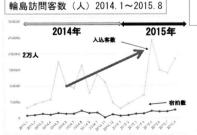
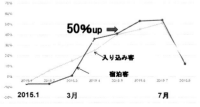

輪島訪問客数（人）2014.1～2015.8

輪島訪問客数、昨年比（%）2015.1～8月
昨年同時期より、50%up

2万人　入込客数　宿泊数
50%up　入り込み客　宿泊客

歴史を活かしたまちづくり

歴史文化の継承、地域の活性化（漆器業・観光）

伝統工芸を活用したとしたまちづくり⇒輪島塗

《現状》
- 輪島塗の生産額の減少
- 観光客の減少
- 他観光資源の知名度低

《課題》
- 輪島塗の生産額の向上
- 伝統技術継承と新技術
- 増加した観光客の維持

加飾技術、絵画化

グラスを蒔絵・加飾化

⇒ **新たな創造**

持続性維持

提案

新たな創造

ブランド化: 輪島塗のマイセン化計画、エンブレムデザイン（京都の西陣織、有田・伊万里の陶磁器）

多角化: 輪島塗の加飾技術を他製品に応用 漆地以外での加飾、例えばガラスコップ、陶器、金属、紙

持続維持

生産高の向上⇒新たな販路の開拓
　　（新興国の中産階級への認知向上など）
輪島塗の以外の観光資源の知名度up。平家の郷等
新たな観光資源の開発。輪島の夕陽、ケーキなど

まちづくり・地域活性化に伝統工芸を活用することは有効である

- 輪島の場合は古くから、技術・品質が優れた漆器がありこの漆器は他地方に比べて、芸術性が高い。
- 輪島塗を和食器としてブランド化、多角化で輪島塗の生産高向上。職場が増加。
- 現行の歴史・伝統の観光資源の認知度アップと新たな観光資源の開発が必要

［参考・引用文献］

4.1）まちの見方・調べ方-地域づくりのための調査法入門-, 西村幸夫・野澤康 編, 朝倉書店、p59、2013

4.2）まちづくりキーワード辞典、三船康道＋まちづくりコラボレーション、学芸出版社、2009、p274

4.3）まちづくりゲーム, ヘンリー・サノフ（小野啓子訳）, 晶文社, 1993

4.4）持続可能な地域社会を考える、法政大学大学院政策創造研究科、政策ワークショップ報告書、2013

4.5）まちづくりにおける"イノベーション"を考える、法政大学大学院政策創造研究科、政策ワークショップ報告書、2014

4.6）"協働"による地域まちづくり、法政大学大学院政策創造研究科、政策ワークショップ報告書、2015

4.7）地方創生とまちづくり、法政大学大学院政策創造研究科、政策ワークショップ報告書、2016

第5章 "まちづくり"の計画と評価

5.1 評価の必要性と評価の方法

（1）評価の必要性

　まちづくりを研究する中で、必ずでてくるのが「まちづくりの評価」ということである。単に"まちづくり"をするのではなく、評価し次に繋げていくことが大切である。

　この評価については、いろいろな仕方があるかと思うが、具体的にまちづくりをすることによって、何が良くなり都市環境等にどのような影響を及ぼしたのかといった観点でみることが必要である。

　特にまちづくりとなると、とらえる対象によっては非常に抽象的なものになってしまうこともある。

　私の場合、親水空間に関する研究を続けてきたが、当初、親水空間が周辺の都市環境、例えば土地利用やコミュニティ形成などにどのような影響を及ぼしているのかということに着目し研究を進めた [5.1)～5.3)]。こうしたことも「公共施設整備がもたらす効果を探る」という意味で、まちづくりの評価ということになるだろう。

　また最近では、計画やルールによる地区計画に代表される地区まちづくりが結果として経済的にどのような影響があるのかということをヘドニック・アプローチ [(注5.1) 5.4)] の手法を用いて分析したこともある [5.5)]。

　このようにまちづくりにおいても最終的には評価することが必要である。今まで行政（自治体）が行ってきたまちづくりでは単に箱モノをつくることはしても、それがどのように周辺環境や人に影響を及ぼしているのか（及ぼしてきたのか）といった"評価"をすることをしてこなかったように思う。正にこの"評価"こそ"まちづくり研究"

であるように思う。

（2）評価の方法

　このようにまちづくりにおいては、行政はしばしば事業を含め、取り組んだことに対してやりっぱなしになってしまっていることが多いが、一定の時期にきちんと行政あるいは誰かが評価することが必要であり大切なことである。しかし、なかなか実現できないのが現状であろう。

　評価には先ほどのヘドニック・アプローチ以外にも CVM[注 5.2]やAHP[注5.3]など様々な分野でいろいろな方法があるが、こうした評価手法を用いて評価するだけでなく、例えば自治体が自らの事例をきちんと整理して紹介し、第3者（学会や評価機関）に評価してもらうということも評価ということに関しては重要である。

5.2 アピールすることの重要性と意義

　まちづくりを評価することが必要かつ大切であることについて述べたが、先に述べた他にも「評価してもらう」ことは同時に、対外的に自らのまちづくりの事例・姿勢をアピールすることにもなる。これもまちづくりにおいてはとても重要なことである。

　それが学会等におけるアピールもあるし、賞をもらうこと、あるいは賞をとりにいく（応募により）こともあるだろう。

　私の勤務していた自治体でも LivCom 国際賞や花のまちづくりコンクール、等多くの賞をいただくことによって国内外にアピールすることができた。このことが自治体自らの自信になるだけでなく何より市民の自信、市民の財産となる。

ここで特に自らが自治体で関わった LivCom 国際賞について紹介しよう。

この国際賞は、UNEP（国連環境計画）と IFPRA（国際公園レクリエーション管理行政連合）の承認を受け、Nations in Bloom Ltd. によって運営されている国際的表彰制度である（図 5.1）。

審査員は、書類選考の後、最終審査会で行われた英語によるプレゼンテーションを厳正に審査し、受賞自治体を決定する。審査員は質の高い環境・景観の保全・創造による住みよいまちづくりに関して特に秀でた、世界的な実績を持つ 6 人の審査員で構成され、必要に応じて追加・交代が行われる。

"公園の利用と管理"の分野に関する国際組織で、1957 年にロンドンで開かれた第 1 回公園レクリエーション世界大会で正式に発足した。

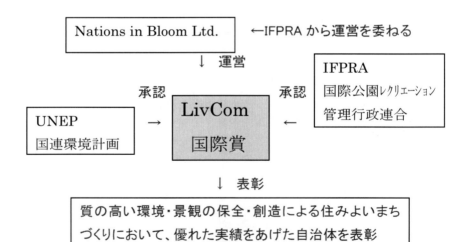

図 5.1　LivCom の位置づけ

「公園、レクリエーション、アメニティ、余暇対策及びそれらに関するサービスの振興のために、国際的な関係を促進されせること」を目的としている。

　この制度は 1996 年に創設されているが、1997 年に英国 Bradford で第 1 回が開催され、その後毎年開催されている。参加国数及び都市数は増大し、2005 年大会までに 50 カ国約 1500 都市が参加している。

　日本からは 1996 年以降、横須賀市（2000 年度 1 位）、宮崎市（1999年度 2 位）等 11 自治体が受賞している。2006 年の場合、一次審査にレポートを提出した自治体は 250 に上り、その内最終審査に進んだ自治体は約 40 自治体であった。

5.3 評価基準（LivCom 評価項目）

1)審査は人口規模別の 5 つのカテゴリー毎に評価項目に基づいて行い、カテゴリー毎に 1 位、2 位、3 位の自治体を表彰する。

2)その業績が著しく優れていると審査員によって判定された場合には別途、金賞、銀賞、銅賞が授与される。最終審査会に出場した全自治体の中から、ある評価項目に対する業績が秀でていると審査員によって判定された場合には、部門賞が授与される。

　　カテゴリーA：人口 20,000 人以下の都市、カテゴリーB：人口 20,001
　　～75,000 人の都市、カテゴリーC：人口 75,001～ 200,000 人の都市、カテゴリーD：人口 200,001～750,000 人の都市、カテゴリーE：
　　人口 750,001 人以上の都市

3)評価基準であるが、評価項目については次の 6 点である。

　①景観の改善・向上に関する事業実績

　②自然・文化・歴史遺産の活用、保全に関する事業実績

③環境の質の維持・保全に関する事業実績

④コミュニティとの参画・協働により持続可能性を実現する施策

⑤計画的な行政施策の推進に関する事業実績

⑥健全なライフスタイル

5.4 江戸川区の事例

　これらの評価項目については、自治体によって状況や環境も含めさまざまである。ここでは実際に私自身が関わった江戸川区について、どのようにまとめたかをしたかについて具体的事例としてその一部を紹介する。

　申請において、全体のテーマを「生きる喜びを実感できる都市 江戸川」とし、江戸川区の歴史や以下のそれぞれの審査項目について説明していった。

[江戸川区の歴史－水の脅威からまちを守る－]

　江戸川区は、1932年に3町・4村が合併して誕生したまちである。当時の人口は10万人で、区内の大部分が田畑や葦などが広がる田園地帯であった。

　本区は、関東平野の河口に位置し、東西を大河川、南を海に囲まれた地形により、水との戦いを余儀なくされた。

　1940～1960年代には、江戸川区は台風を中心とした数々の水害に見舞われている。まさに江戸川区のまちづくりは、水との脅

写真5.1　放水路の開削

威からまちを守る戦いの歴史だった。

　そうした歴史的背景のある中、江戸川区は放水路の開削、外郭堤防の整備、下水道の整備を行ってきており、特有のまちづくりが行われてきた。

写真5.2(左)　水害に見舞われた江戸川区
写真5.3(右)　外郭堤防の整備

5.4.1 景観の改善・向上に関する事業実績
⇒視点：基盤整備による効果

　「景観の向上－自然と共鳴した都市環境づくり－」では、第3章でも説明する「土地区画整理事業」や「再開発事業」「親水公園」「緑の創出」といった観点でまとめている。

- <u>土地区画整理事業</u>：江戸川区のまちづくりの基本は、土地区画整理事業である。これまでに区の陸地面積（約4,000ha）の3分の1にあたる1,340haがこの事業で開発された。
- <u>再開発事業</u>：区では小松川防災拠点の整備を都施行の再開発事業で行った。そもそも小松川地域は大規模工場が多く、狭隘道路に木造住宅が密集していた。大規模工場の郊外への移転を機に、1980年から65.6haに及ぶ再開発事業を行い、まちを大きくつくり変えた。

- 親水公園：親水公園とは、日本語で「水辺に親しむ公園」という意味である。下水道の普及によって不要となった中小河川を埋めるのではなく、清流として蘇らせる事業である。

  現在区内には、5路線の親水公園と、道路脇の水路を再生した18の親水緑道、川そのものを親水化した2つの河川を合わせ、総延長35kmに及ぶ「水と緑のネットワーク」が形成されている。親水公園では水遊びができ、遊歩道や併設した公園の整備により、区民の憩いのスペースとなっている。

  また、延焼防止や避難路としての防災機能、エコロジーや気候調整機能、野鳥や昆虫など生き物の回遊など、都市の中での有効性が高く評価されている。

- 緑の創出：江戸川区は、「ゆたかな心地にみどり」を合言葉に、35年以上にわたり区民と共に緑化事業を進めてきた。樹木数と公園面積の目標を、区民一人あたり「10本・10㎡」と定めて取り組みを進めた結果、現在区内の樹木数は560万本、公園は432園、341haにも及ぶ。公園面積は23区平均と比較して2.5倍である。

写真5.4(左)まちづくりの基本となった葛西地域の土地区画整理事業
写真5.5(右)全国初の事例となった江戸川区の親水公園

5.4.2 自然・文化・歴史遺産の活用、保全に関する事業実績
⇒視点：自然・文化・歴史遺産の活用と保全

　「文化遺産の管理－受け継がれる歴史と匠の技－」ということで、第1章とも関係する祭りや伝統、産業といったまちづくりの観点でまとめている。

［文化遺産］

　江戸川区には、昔の人々が神々の信仰のために建てた神社や寺が数多く点在する。区は、地域の人々の生活の中で育まれてきた文化遺産の保護と、郷土文化の振興を目指し、1980年、文化財保護条例を制定した。区の指定・登録文化財としては、有形文化財（神社・寺・工芸品・歴史資料・天然記念物等）184件、無形文化財（工芸技術・風俗慣習・民族芸能等）58件ある。

写真5.6 のぼり祭り

・のぼり祭り：区内では最も古いとされる938年創建の浅間神社で行われる祭り。高さ20mの幟を人力だけで立ち上げる。雨期に行われるため、別名「どろんこまつり」と呼ばれる。

・篠崎本郷獅子もみまつり：一対の獅子頭を数人が一組で担ぎ、庁内を練り歩く、無病息災を祈る行事。

・雷大般若：女装した若者が、地域の家々を駆け巡り、厄払いをする伝統行事。1800年代から無病息災を願って始められた。

・一之江名主屋敷：約400年前に建てられた当時の名主の家で、現存する屋敷は1770年代に再建されたものである。屋敷の四方を堀で囲んだ土豪屋敷としては、東京都内で現存する最古のものであり、昔

を知る貴重な文化財として多くの人が勉強に訪れる。萱葺き屋根の葺き替えを実施するなど、文化遺産の保存に力を入れている。

[伝統工芸]

江戸川区には、昔を今に伝える伝統工芸品やその技術を継承する工芸者が数多く存在する。中には全国で唯一の継承者もいる。50種類にも及ぶこれらの工芸品は、すべて手作業でつくられている。

写真5.7 一之江名主屋敷

・伝統工芸「産学公」プロジェクト：歴史のある伝統工芸者の技と美術大学生の新しい感覚を融合させ、

写真5.8 伝統工芸の風鈴

新しい作品を生み出すことを目的としたプロジェクト。その作品は海外でも発表されており、伝統工芸の活性化に大きな成果をあげている。

[産業的遺産]

・花卉栽培：江戸川区は、生鮮野菜「小松菜」の日本一の産地であり、花のまちとしても有名である。多くの花卉園芸業者がおり、朝顔やシクラメン、ポインセチアなど日本中に花を卸している。区内では花の即売会や花をテーマにしたイ

写真5.9 花卉栽培

ベントが一年中開かれ、多くの区民に親しまれている。「全国花のまちコンクール」において、区民と協働して取り組んできた花のまちづくりが高く評価され、全国一位を受賞した。

5.4.3 環境の質の維持・保全に関する事業実績
⇒視点：環境の質の維持・保全

「環境に配慮した実践－環境保護を考慮した開発－」ということで、葛西沖と葛西臨海公園・葛西海浜公園を紹介している。

[葛西沖と葛西臨海公園・葛西海浜公園]

葛西沖は海の幸の宝庫として知られ、昔から貝漁や海苔の養殖が盛んで、遠浅の海は年間を通して海水浴や釣り等が楽しめた。しかし汚水の流入や埋め立てにより、次第に海は汚れていった。

そのため、失われた自然を取り戻し海辺を人々の憩いの場所にしようと葛西臨海公園の建設が東京都の構想に位置付けられ、1985年から造成が始まった。

写真 5.10 葛西臨海公園

葛西臨海公園の海上部分である葛西海浜公園は、海域部分を含めると442.6 ha の広さをもち、海に浮かぶ2つの人工なぎさが造成されている。

このなぎさに当たって砕ける波の作用で東京湾の海水が浄化され、工業排水の規制強化と相まって、魚介

写真 5.11 バードサンクチュアリ

類や野鳥の生息場所が回復している。

　野鳥は 33 種類が確認されており、多い時には 2 万数千羽が訪れる。この葛西沖はラムサール条約(注5.4)の条件をほぼ満たしており、登録を目指し様々な活動が続けられている。

[荒川干潟]

　江戸川区の河川は海に面しているため、潮の満ち引きによって河川の水位が変わり、区の西側を流れる荒川は干潮時には大きな干潟ができる。この干潟には、水質を浄化する「ヤマトしじみ」が多く生息し、環境省の絶滅危惧種に指定されている「トビハゼ」や植物の「ウラギク」、希少種である野鳥の「セイタカシギ」などをみることができる。

[自然観察会]

　自然の小川を再生させた親水公園には、50 種以上の野鳥や魚類の生息が確認されている。また、自然観察会などの催しも定期的に開催されている。

写真 5.12　荒川干新潟

写真 5.13　自然観察会

[えどがわエコセンター・エコカンパニーえどがわ]

　環境にやさしい暮らしを広め、江戸川区を持続可能なエコタウンにすることを目指し、区民、事業者、行政が協働で NPO 法人「えどがわエコセンター」を設立した。こうした連携のもと、環境についての NPO

が設立されたのは日本初である。このえどがわエコセンターを中心に、ごみ減量、バイオ燃料の普及、自然環境の保全、緑の植栽などを進めている。また、ケニアのマータイ元環境大臣が提唱し、世界的な用語となっている日本語の「もったいない」という考えを広めていくため、物を大切に使っていく心を養う「もったいない運動えどがわ」を、区をあげて進めている。

　「エコカンパニーえどがわ」制度は、江戸川区独自の事業所向け環境マネージメント制度である。ISO シリーズと比べ、簡単に取り組めることが特長で、中小事業所の環境促進活動に、大きく寄与している。

5.4.4 コミュニティとの参画・協働により持続可能性を実現する施策
⇒視点：コミュニティ形成と協働

　「コミュニティの持続可能性－ボランティアの力が支えるまち－」ということで、まちづくりの根幹となる地域コミュニティの形成という観点でまとめている。

［地域力］

　江戸川区では、まちづくり、教育、福祉、治安など、すべてのことに「自分たちのまちは自分たちの手で良くしていこう」という区民の心意気が溢れ、多くの人々が主体的に活動している。これは、住民の中に、まちを愛する心「郷土愛」がしっかり根付いているためであり、これこそが明日の江戸川区を築く「地域力」となっているのである。

・まちづくりワークショップ：地域を新しく作り変える再開発事業や、まちの未来を見据えた地区計画によるまちづくりには、地域に住む人々の力が大きく関わっている。住民自らが計画に参加し、まちの将来像を描くための「まちづくり協議会」が組織され、活発な議論

が交わされている。
- <u>アダプト活動</u>：道路や公園、河川などの公共施設を自分たちの財産として清掃や手入れを行う「アダプト活動」が区内全域で展開されており、現在5,000人が登録し活動している。親水公園では地元住民による「愛する会」が結成され、定期的な清掃や親水公園にちなんだイベントが開催されている。

写真5.14（左） まちづくりワークショップの様子
写真5.15（右） アダプト活動（親水公園の清掃）

- <u>総合人生大学</u>：講義や実践を通して様々なことを学び、その成果を地域に活かすことを目的とした学びの場。年齢や国籍を問わず、地域貢献を目指す皆さんに門戸を開いている。2年間の過程を終了すると、卒業生は地域に出て様々なボランティア活動などを実践している。
- <u>すくすくスクール</u>：放課後や土曜日に地域の方々が子どもたちに様々な学びや遊びを教え、地域の力で子育てをしていくもの。江戸川区が始めたこの制度は、全国の自治体の見本となり、今年から全国で取り入れられ始めた。学校の授業では学べない日本の伝統芸能や古くから伝わる遊びなどの体験を通して先人の知恵を学ぶとともに、他人とのふれあいによる人間関係が養われている。

- 安全・安心パトロール：安全で安心できる地域社会を目指し、地域住民によるパトロール活動が昼夜を問わず区内全域で行われている。この取り組みにより、江戸川区の犯罪減少率は23区1位を達成した。

写真 5.16 すくすくスクール　　　写真 5.17 安心・安全パトロール

5.4.5 計画的な行政施策の推進に関する事業実績

⇒　視点：施設整備・施策の実施

「健康的なライフスタイル－充実した施設といきいきと暮らす人々－」ということで、公共施設整備・具体的な施策の実施という観点でまとめている。

江戸川区の区民の平均年齢は40.80歳。これは全国平均の43.25歳、東京都平均の42.97歳を大きく下回り、東京都の中で最も平均年齢の若い区である。

また、65歳以上の高齢者の割合は16％で、これも23区で最も少ない数字である。そうした区民の身近に多くの公共施設が整備されそれらを活用した具体的な施策が実施されている。

[施設整備]

区内には文化・コミュニティ施設が30施設（球場、陸上競技場、スポーツランド他）。施設利用者は年間550万人を数える。

- 江戸川区球場：区立江戸川区球場では毎年数多くの国際大会・全国大会が開催されている。皇族秋篠宮殿下を招いて行われる少年軟式野球世界大会には、世界 11 か国・1 地域から 16 チームが集まり、小学生の世界一を決める白熱した試合が展開される。
- 江戸川区陸上競技場：各種の陸上競技大会やサッカー、ラグビーなどに利用できる天然芝のフィールドを持つ本格的陸上競技場。また、江戸川区はラクロスのまちとしても有名で、ワールドカップや国際親善試合の舞台にもなっている。
- 江戸川区スポーツランド：夏はプール、冬はアイススケートリンクになる大型レジャー施設。自治体が経営するスケートリンクとしては、東京都内では唯一のもの。毎年、全日本ショートトラックスピードスケート大会が行われ、このリンクから多くのオリンピック選手も生まれている。

写真 5.18（左） 陸上競技場

写真 5.19（右） スポーツランド（スケートリンク）

[施設を活用したまつり]
- 江戸川区民まつり：毎年 10 月、区内最大のイベントとして開催される。来場者数は 55 万人。幼稚園児、小・中学生を中心に約 3,000 人が参加する場内パレードをはじめ、数々のステージ、地域色や国際

色豊かな模擬店、子どもから高齢者まで楽しめる趣向を凝らした催しなど、訪れる人を飽きさせない。

　このまつりを支えているのは、約 400 団体・2 万人のボランティアである。企画・運営はもちろん、会場案内、警備、場内清掃など、すべてが区民手作りのまつりである。区民の心意気と地域愛によって支えられ、発展してきたイベントである。

　ほかにも、一年を通して区内全域で、それぞれの地域の特色を活かしたイベントが、地域住民の手作りで開催されている。こうしたイベントは、地域コミュニティの形成に大きな役割を果たしている。

- 江戸川区花火大会：広大な河川敷を利用して、毎年 8 月の第一土曜日に「江戸川区花火大会」が開催されている。打ち上げ数 14,000 発、観客数 140 万人を誇る音と光のファンタジーは、日本一の花火大会である。

写真 5.20　江戸川区民まつり

写真 5.21　江戸川花火大会

- 河川敷での様々なスポーツ活動：河川には、治水事業と同時に河川敷を整備してきた。区内の河川敷には、数多くの野球場やサッカー場などが 60 面以上整備され、常にスポーツを楽しむ人々の歓声で溢れている。

　また、土手の上には、距離を表示し休憩所を設けるなど、「健康の

道」と命名された総延長 68km の道路を整備し、サイクリングやジョギングをする人々が大勢見られる。ウォーキング大会もしばしば開催されている。

 ＊ 河川敷面積　146ha、野球場 41 面／サッカー場 10 面／ラグビー場 1 面／ソフトボール場 6 面／運動場 2 面　ほか

- リズム運動：区内のほとんどの高齢者は、区が開発した高齢者のための軽運動「リズム運動」を実践している。そのため、江戸川区の熟年者は、東京都内で最も元気だと言われており、事実、介護を必要とする高齢者の割合は、東京都で最も低い。

写真 5.22 河川敷の野球場

写真 5.23 リズム運動の様子

5.4.6 健全なライフスタイル　　⇒　視点：将来計画の策定

「将来計画の策定実践－新しい時代に向けて－」ということで、健全なライフスタイルを実現するための新しい時代に向けた将来計画の策定という観点でまとめている。

江戸川区が目指す基本理念は、お互いに学びあい育てあう「共育」、そして学んだことを地域に活かし、区民と区が協力してよりよい地域社会を築き上げる「協働」である。これまで江戸川区は、この理念のもと、区の将来都市像と基本目標を定めた「江戸川区長期計画」をは

じめ、まちづくりの指針となる「都市マスタープラン」「緑の基本計画」など、将来の江戸川区を見据えた計画を区民と共に策定してきた。

今後も江戸川区がもつ地形や自然環境を生かし、その豊かな恵みを将来に残し、そこに暮らす人々と共に、より豊かな都市を創造していくとしている。

江戸川区では 2002 年に、今後 20 年間に区民と区がともに目指す将来計画を策定した。その内容は、①未来を担う人づくり②ボランティア立区の推進③環境改善④産業の活性化⑤健康と福祉⑥暮らしを支えるまちづくり　の6本の柱に沿って進められてきている。

これらを具体化するために様々な事業が行われている。

・「保育ママ」制度：集団保育ではなく、一般家庭で乳児を預かる区独自の制度。
・すくすくスクール：小学生が放課後や土曜日に、地域の方々から様々なことを学ぶことができる。
・チャレンジ・ザ・ドリーム：区内の事業者や店舗に協力してもらい中学生が職場体験を行うもの。
・青少年の翼：国際人として次代を担う人材を育成するために海外に青少年を派遣する制度。

写真 5.24 保育ママ

写真 5.25 チャレンジ・ザ・ドリーム

[環境に関して]

　江戸川区はエコタウン日本一を目指し、ソフトとハードの面から取り組みを進めている。江戸川油田プロジェクトなど、既に進めている省エネ対策をはじめ、無駄なエネルギーの消費を抑えるため、区民代表者、事業者、学識経験者などとともに、「エコタウンえどがわ推進計画」（江戸川区地域エネルギービジョン）の策定を進めている。

・葛西駅地下駐輪場：江戸川区では環境に優しい乗り物、自転車が大変普及している。これは、勾配のない平坦な土地柄も影響している。そのため、駐輪場の整備は欠かすことができない。機械式で 9,400 台を収容できる世界最大規模の駐輪場である。

図 5.2 葛西駅地下駐輪場断面

[防災に関して]

・高規格堤防（スーパー堤防）整備：江戸川区は、水との戦いの歴史から、護岸の耐震補強をはじめ、河川整備に懸命に取り組んできた。現在、さらに万全な水害対策を目指し、高規格堤防の整備を進めている。これは河川の町側に堤防の高さの約 30 倍の長さで緩やかな勾配をもつ堤防をつくるもので、決壊することはなく、いざ堤防の高さを越えて河川の水が溢れ出しても、一気

図 5.3 スーパー堤防整備前（出典：江戸川区）

図 5.4 スーパー堤防整備後（出典：江戸川区）

に大量の水がまちを襲う不安もない。また、地震にも強い堤防である。

[まとめ]

最後に江戸川区のまちづくりを次のようにまとめている。

「江戸川区のまちづくりの究極の目標は、誰もが満足し、安心して住み続けられるまちを築いていくことである。そのためには、行政の努力のみならず、多くの人々の力と、地域を思う愛情が不可欠である。

現在、江戸川区では 67 万区民と行政が力を合わせ、その目標に向かって邁進している。これからも快適な環境の中で、人々のコミュニティが大きく花開く魅力あるまちに江戸川区を発展させていく。」

写真 5.26(左) 江戸川区多田区長のプレゼンテーション風景

写真 5.27(右) 最終審査発表会場(由緒ある「カフェ・ロイヤル」にて)

写真 5.28 表彰状
"SILVER AWARD"

[注]

(注 5.1) ヘドニック・アプローチは、非市場財の評価ではなく自動車やコンピュータなどの耐久消費財の価格を実質化するための手法として用いられることが多いが、住宅価格や価値のデフレータを作成する場合もヘドニック・アプローチは有効であると考えられている。(参考文献(1), p10)

(注 5.2) CVM(Contingent Valuation Method)とは仮想評価法のことで、環境を守るために支払っても構わない金額（支払意志金額）を人に聞くことによって、環境のもっている価値を金額として評価する手法を意味する。

(注 5.3) AHP(Analytic Hierarchy Process)とは階層分析法とも呼ばれ、意思決定における問題の分析において、主観的判断とシステムアプローチを組み合わせた問題解決型意思決定手法を意味する。

(注 5.4) 水鳥の生息地として国際的に重要な湿地に関する条約。

[参考文献・引用文献]

5.1) 上山、肇、若山治憲、北原理雄：親水公園の周辺環境に関する研究－親水公園が周辺のコミュニティ形成に与える影響－、日本建築学会計画系論文集 No.465、pp.105～114、1994.11

5.2) 上山　肇、北原理雄：親水公園の周辺土地利用と建築設計に及ぼす影響、日本都市計画学会学術研究論文集、pp.361～366、1994.11

5.3) 上山　肇、若山治憲、北原理雄：親水公園の利用実態と評価に関する研究－東京都 23 区における親水公園の現況と利用状況－、日本建築学会計画系論文集 No.462、pp.127～135、1994.8

5.4) 肥田野　登：環境と社会資本の経済評価-ヘドニック・アプローチの理論と実際-、勁草書房、2002.1

5.5) 上山 肇：「地区まちづくり」における経済的評価に関する研究-ヘドニック・アプ

ローチによるデータを使用した実証分析-、2006 年度日本建築学会関東支部研究報告

集、pp.193-196、2007.3

5.6) 井上 裕:新版 まちづくりの経済学-知っておきたい手法と考え方、学芸出版社、

2005.2

5.7) 青山吉隆、中川 大、松中亮治:都市アメニティの経済学-環境の価値を測る-、学

芸出版社、2003.10

事例研究

　"まちづくり"について研究するときにフィールドをもつことは必要である。逆にフィールドをもった方が研究は進めやすいと言える。ここでは横断プロジェクトで行った事例研究について紹介する。

［事例1］　清水港のまちづくり（2013年度横断プロジェクト）

1）プロジェクト名：
　静岡市清水地区における水辺空間に関する考察
2）研究テーマ：
　市民の憩いの場としての利用と観光利用における清水港周辺地域のあり方に関する検討と提言
3）研究目的：
　市民が憩い、市内外から一層の観光者が訪れるための、清水港周辺地域の賑わいと魅力ある空間を創出する方策を探ることを目的とする。
4）研究内容：
　(1)当該エリアの資料をもとにした事前研究（ゼミ）
　(2)現地調査
　　（現地自治体および施設担当者の同行によるまち歩き調査）
5）研究対象場所（行事）：
　［清水港エリア］　・清水港マグロまつり　・河岸の市／まぐろ館
　　・清水駅前銀座商店街　・清水港線跡遊歩道　・エスパルスドリームプラザ　・マリンパーク／日の出埠頭　・歴史的倉庫群　・フェ

ルケール博物館 ・巴川

[その他エリア] ・日本平／三保の松原

6)研究期間：

　(1)2013 年 8 月、9 月：資料に基づく事前調査

　　　　　　　　　　　　　　　（現状の取り組みの把握）

　(2)2013 年 10 月 13 日 （日）：現地調査

　(3)2013 年 11 月：調査レポートの整理および報告書作成

7)期待される効果：

　本調査を通し清水港周辺の魅力的な観光資源が再認識できるとともに、改善策を構築することにより市民および観光者のための清水港エリア独自の憩い、賑わいと魅力ある都市空間を創出することができる。

＜調査地の概要＞

　今回、ゼミ横断プロジェクトで選んだ視察先は、国際貿易港としての「物流港」から、市民が憩える「賑いの港づくり」を進める静岡市の清水港周辺である。

　港湾計画（静岡県の策定）によると、清水都心地区の清水港江尻地区から日の出地区にかけては、物流機能を他に移転して親水空間を創出することになっているものの、その事業主体者を誰にするのか（従来は静岡県）、県と市の間で綱引きが続いている。

　本調査では、海（港）と川（巴川）で囲まれたこの清水都心地区において、①どのような水辺空間・都市空間に創り上げていくのか、②世界文化遺産となった富士山と構成遺産三保松原の景観も活かしながら、魅力ある観光地として、また交流憩いの場として、賑い創出に向けていかに取り組んでいくのか　といったことを検討しながら提言に

結びつけるために本地域を選定している。

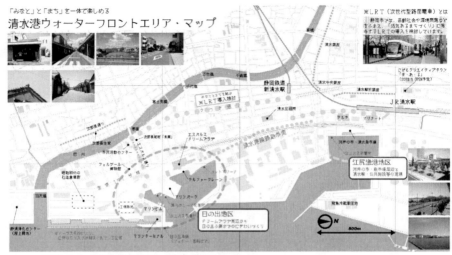

図 6.1.1 調査対象地域（清水港地区）

【清水港周辺の憩い、賑わいと魅力ある都市空間にするための提言】
＜都市空間・景観の整備に関する提言＞
●都市計画制度（景観地区、地区計画等）の積極的活用

漁港としてのイメージを強化するとともに、それを損ねているような施設には修景について施策（景観計画・景観地区・地区計画といった制度を用い）を講じる必要がある。

●土地利用転換の模索

使用度が下がっているというＪＲ清水駅前のガスタンクに関しては、行政が借り上げて観光資源としての利用方法を模索するなどの積極的な用途変更を考える。それが難しい場合には、移設・解体、または色の変更といったことも模索してもいいのではないか。

●歩行空間としての護岸整備

護岸を歩行空間として整備することで、より回遊性を確保することができ、水辺の観光空間としての効果が得られる。

写真 6.1.1 清水港沿いの通路

写真 6.1.2 マリンパーク

●眺望空間の確保

富士山の眺望は、来訪者（観光者）の満足度を高める上では大きな効果があると思われるため、眺望に悪影響を与えている対象建築物等とは調整を図る必要性がある。また、展望台などの新しいビューポイントを作ることも検討してもいいのではないか。

＜商店街活性化への提言＞

●港と連動した活性化策の模索

漁港のイメージや港の賑わいと連動した活性化策を模索する必要がある。例えば、"清水港で新鮮な魚介類を食べたい"というニーズは幅広くあると思われるため、空き店舗を利用して、横丁などを運営することで港側と商店街側の回遊を生み出すことができるのではないか。

●賑わい空間創出のための規制・誘導

店舗の間にできるマンションについては、1階は店舗として商店街に開かれた状態を維持するなど規制・誘導を行う必要性がある。

写真6.1.3 まぐろ館の内部

写真6.1.4 商店街の風景

<観光視点からの提言>
- 「海からの訪問」とい仕組みづくり
　日の出埠頭の箇所で記載したように、来訪者(観光者)にとっては新鮮な体験になると思われるため、遊覧船やフェリーと連携し「海からの訪問」という仕組みづくりを行ってみてはどうか。
- 観光案内機能の充実
　観光案内所や観光板(サイン)等、観光案内機能の充実は必須である。
- 観光資源(ブランド)のネットワーク化
　現在はややそれぞれの観光資源が独立してしまっているように思われるため、改めて清水港周辺エリアの独自ブランド及び観光資源を整理し、それぞれのネットワーク化を模索する必要性がある。
- 江尻港エリアと日の出地区の一体性の確保
　江尻港エリアと日の出地区の賑わいが工場群で分断されているため、工場を保有する企業と連携し、工業見学などの実施を通じて工業群エリアを観光ネットワークに組み込み、両エリアの一体性、回遊性を高めることはできないか。

【横断プロジェクトによる効果】
　この横断プロジェクトをとおし、新しい視点・さまざまなアイディ

アをいただくことができました。研究分野の異なるメンバーの共同研究は非常に意義深く、継続的に実施していくべきだと感じている。

写真 6.1.5 テルファークレーン

写真 6.1.6 倉庫群

写真 6.1.7 遊歩道の風景-1

写真 6.1.8 遊歩道の風景-2

*プロジェクト参加者：
　　上山、牧田（M1）、河村（M1）、広瀬（M1）、関（M1）、早川（M1）

[事例2]　小布施の"交流"によるまちづくり
　　　　　　　　　　　　（2014年度横断プロジェクト）
　「観光」はそもそも国際平和と国民生活の安定を象徴し、その持続的発展は、恒久平和と国際社会の相互理解の増進を念願し、健康で文

化的な生活をもたらす。また、地域経済の活性化や雇用の機会の増大など国民経済のあらゆる領域にわたって、その発展に寄与するとともに、健康の増進や潤いのある豊かな生活環境の創造といったことなどを通じて国民生活の安定向上に貢献する[6.2.1)]。

北信濃の小布施には年間 120 万人もの観光客が訪れるが、町としてこの「観光」による「観光立町」は目指していない。小布施の魅力を語る時に、必ずといっていいほど登場するキーワードが"交流"という言葉である。田舎の豊かさの中にデザインを効かせ、豊穣の美しさを、住む人や訪れる人が味わえるように町民の力が働く。120 万人の交流人口をフルに活かすことにより、自然に知恵と英知が広がり、循環しながら美しく着地していく[6.2.2)]。

ここでは、こうした小布施が現在進めているまちづくりについて行政、事業者に対しヒアリングするとともに、現状の小布施のまちづくりの整備状況を見ながら、市街化された地域、特に都心において、文化・観光の拠点をつくる可能性について探ることを目的とする。

写真 6.2.1 小布施堂(筆者撮影)

写真 6.2.2 北斎館(筆者撮影)

(1) 小布施のまちづくり

町の面積 19.07k㎡。県内一小さいこの町は明治期から 3 回合併を繰り返し「小布施町」となった。人口約 1 万 1 千人、約 3,700 世帯で町

役場を中心に半径 2km 圏内にはほとんどの集落は入る(図 6.2.1)。

現在、小布施は、商う・創る・集う・競う・学ぶという観点からまちづくりを展開している。

● 商う…江戸時代にこの地で栄えた「六斎市」は、物を介した人と人との交流の証であり、小布施が文化の香り高い町として発展する基礎となった。小布施の歴史を伝える市を復活させたいと、伊勢町・中町・上町・横町の町組商人が中心となり立てた「安市」もある。これは今も約 6 万人の人が押し寄せる一大イベントとなっている。

● 創る…"まちに大学を、まちを大学に"を合言葉に、東京理科大学 (2005 年)、信州大学(2011 年)、法政大学(2011)がそれぞれ小布施に研究所を開設し、大学と子どもが知恵を出す、未来のまちづくりが行なわれている。

図 6.2.1 小布施町の位置

●集う…「小布施見に（ミニ）マラソン」は 2003 年にスタートしたが、毎年 7 月の「海の日」に開催されている。現在では 7,000 人もの人がこの大会に出場し「出会いの場」を大切にしている。

●競う…小布施の内なる"交流"の場として、町民総出の大運動会が開催されている。1956 年に始まったこの大会には全 28 の自治会、延べ 3,000 人以上の老若男女が集っている。交流の町である小布施のアイデンティティは、この内なる"交流"から育まれ、これによって町民の結束が一層強くなっている。

●学ぶ…2012 年、「第 1 回小布施若者会議」が 3 日間開催された。ここには 35 歳以下 240 人もの人々が小布施の未来について語りあった。ここでは提案して終わりではなく、いいアイディアについては行政や地元企業が積極的にコミットし、まちづくりや町政に反映させていくことになる。

（2）調査方法

　今回現地では、(1)町役場担当者へのヒアリング(2)株式会社 文化事業部セーラ・マリ・カミングス氏へのヒアリング及び"まち歩き"を行っている。

　1)町役場担当者へのヒアリング

　　2013 年 12 月 6 日(金)午前中、町役場担当者（行政経営部門・行政改革グループ）へのヒアリングを行った。ここで改めて"観光"について投げかけたが、町としては、決して"観光"ということだけでなく、"交流"という視点で定住人口を増やしていきたいという気持ちが強い。

　2)（株)文化事業部 セーラ・マリ・カミングス氏へのヒアリング

同じく 6 日(金)午前中にセーラ・マリ・カミングス氏からヒアリングを行った。このヒアリングから「地域まちづくりには、地方の武器とも言える親しみやすさからくるコミュニティや文化拠点がかかすことができず、小布施の場合には「雇用の場づくり」ができ、その結果、交流人口が増え経済が安定している。」ということなどを聞くことができた。「他との違いをつくるのは"人"」「客人（まれびと）へのおもてなし」という言葉が印象的だった（写真 6.2.3）。
3）まち歩き（写真 6.2.4、写真 6.2.5）
　まちを歩いていて特に印象に残ったのがオープンガーデンの取り組みである。個人の空間を一般の方々に提供しようとするこの試みは、緑を活用したコミュニティ形成という点でも都会においても参考になる。具体的には次の「3.」でその取り組みについて紹介する。

写真 6.2.3(左)　セーラ・マリ・カミングス氏による説明
写真 6.2.4(中)　まち歩き（栗の小径）
写真 6.2.5(右)　まち歩き（オープンガーデン）　（筆者撮影、2013.12.6）

（３）オープンガーデンの取り組み（写真 6.2.5）

1）潤いのある美しいまちづくり

　1980 年、住民の日常生活に潤いのある環境を提供しようと町内自治会に「町を美しくする事業推進委員会」が発足し、地区単位による部下運動が進められた。1981 年には、住む人の心を大切にした歴史と文化の町を目指す「第 2 次総合計画」を策定し、自然文化と景観の調和した美しいまちづくりに町花（りんご）、町木（栗）、普及花（すみれ草、サルビア、萩）を設定し景観形成の柱とした。そこで、この後期計画に「うるおいのある美しいまちづくり」を加え、まちづくりにおける景観形成の指針として環境デザイン協力基準を策定し緑化や花壇づくりなど自主的な運動方針を示した。

2）花のまちづくりの 3 つのコンセプト

　官民一体の花のまちづくりへの取り組みは、ヨーロッパ花の研修などを通じ全町的な広まりを見せる中で、個人の趣味のガーデニングがまちづくりにもたらす効果を明確にし、目的と参加意欲をもって取り組みが行えるよう花によるまちづくりの理念を定めた。これは "外はみんなのもの、内は自分のもの" という概念から、住民と行政の役割を明確にし、①美しいまちづくり　②心の文化を育てる　③町の資源を有効活用する　の 3 つの基本方針を掲げている。そして、この方針の一番目に掲げる美しいまちづくりに花をもって取り組むため、①花によってまちを装う　②花によって福祉の心を育てる　③花をまちの産業に育てる　の 3 つの目標を定め、花によるまちづくりの基本方針を明確にした。

3）花の情報発信と生産基地の建設

　1992 年に「フローラルガーデンおぶせ」を開園した。2005 年から

は、一年草、プラグ苗の生産・販売に加え「ペレニ・デポ(宿根草基地)」として数十種類の宿根草を生産・販売している。この宿根草の導入により、今後花産業の活性化を図ろうとしている。

（4）おわりに

　小布施というと未だに観光ということに目を向けがちだが、今回改めて調査・視察を行うことにより小布施のまちづくりを"交流"という視点で捉えることにより"持続可能性"という点でまちづくりに大きな意義があることを再確認することができた。また、小布施におけるオープンガーデンの取り組みは市街化された都心における"交流"による緑のあり方やコミュニティ形成という点においても参考になった。更に、"人"によるまちづくりを考えるときに今回ヒアリングしたセーラ・マリ・カミングス氏のような人材の活用とその継承ということが今後の課題であろう。

［参考・引用文献］

6.2.1) まちづくりキーワード辞典、三船弘道＋まちづくりコラボレーション、p34、

6.2.2) 小布施-このまちに息づく循環の美学-、(株)まちねみカントリープレス、学芸

　　出版社、2009 年 7 月

＊プロジェクト参加者：

　　上山、井澤（M1）、河島（M1）、衣川（M1）、ショウ（M1）、

　　徳田（M1）、岩田(M1)、村田(M2)

[事例3] 松本市のまちづくり (2015年度横断プロジェクト)

（1）研究の目的

　法政大学大学院政策創造研究科上山ゼミでは2015年10月9日から11日の3日間にかけて長野県松本市及び同県上高井郡小布施町においてゼミ横断プロジェクトを実施した。

　本プロジェクトは主に松本市におけるまちづくりに関する研究であり、松本市都市政策課のご協力を得て、ヒアリングとフィールドワークによる調査を実施した。併せて昨年度の対象地域であった小布施町についてもフィールドワークを実施している。

　本研究は松本市を事例として、各学生が抱えている研究テーマに即しながら、景観・観光・都市環境の角度から調査・分析することにより、その実態を明らかにすることを目的としている。

（2）研究の手法

　研究の手法としては、事前に通常のゼミにおける文献調査と当日の自治体（松本市）へのヒアリング調査及び現場でのフィールドワークを行っている。ヒアリングは、松本市都市政策課課長補佐及び担当者に行った。小布施町のオープンガーデンについては所有者にヒアリング調査を行った。

（3）松本市の概要

　松本市は本州及び長野県のほぼ中央に位置する特例市であり、人口241,890人(2015年10月1日現在)、面積978.47k㎡の県内一広い都市である。東京から鉄道で約250km、市域にある信州まつもと空港から

は札幌、福岡への定期便が就航している。

　また、国立大学法人信州大学が置かれている。松本市の歴史は古く、平安時代には信濃の国の国府が置かれ、中世に入ると信濃守護の館の所在地となった。江戸時代以降は松本藩の城下町として徳川氏譜代の大名が次々に入れ替わりで入封し、戸田氏が藩主の時、明治維新を迎えた。明治以降は一時、筑摩県が置かれ、長野県となった後は中信地方の中心都市として栄えている。また、市域東部には標高 2,000mの美ヶ原高原を望み、西部には穂高岳、槍ヶ岳などの標高 3,000m級の峰々が連なる北アルプスの山々が広がっている。市内には梓川や女鳥羽川が流れ、豊かな自然と四季の変化に富んだ都市である。

　市内には1594年に築造された国内最古の五層の大天守閣を有する国宝松本城が聳え、開智学校などの歴史的に貴重な建物が存在し、また街なみ環境整備事業による中心市街地の魅力あるまちづくりが行わ

図6.3.1 長野県松本市の位置（出典：http://kotobank.word
　　　　及び国土交通省地図閲覧サービスより筆者作成）

れ、全国から多くの観光客が訪れている。

　松本市は古くから学問を尊び、学生を大事にすることなどから「学都」、日本アルプスを擁し、多くのアルピニストを迎えることから「岳都」、サイトウ・キネン・フェスティバル（現セイジ・オザワ・松本フェスティバル）の街「楽都」の『「三ガク都・松本」』と呼ばれている。

　松本市では2011年度に策定した総合計画に基づき、「健康寿命延伸都市・松本」を目指すべき将来の都市像として掲げ、健康づくりを核として、経済、産業、観光、教育、環境、都市基盤など様々な分野が連携し、「心と体」の健康づくりと「暮らし」の環境づくりを一体的に進めていくこととしている。

（4）調査結果

1）ヒアリング調査

　本調査では、松本市役所においてヒアリング調査を行った。以下にヒアリング調査についての概要を記す。

　　・日時：2015年10月9日　13時30分〜15時

　　・場所：松本市市役所　東庁舎

　　・対象者：建築部　都市政策課　都市デザイン担当

　　　　　　　　　　　　　（課長補佐2名、担当者1名）

2）ヒアリング内容

　松本市市役所にて行われたヒアリング調査の内容の抜粋を記す。

●松本市全般（担当者）

　本市は長野県の中央に位置し、日本で2番目に大きい市。最高の標高は、奥穂高岳の3,190m、最低は島内犀川の555mで約2,600mの標高差があり、人口は24万人の都市である。松本市が取り組んで

いるまちづくりの基本的な考え方は、将来の都市像で「健康寿命延伸都市・松本」である。具体的には、「量から質へ」と発想を転換して、誰もが健康でいきいきと暮らせる街を目指している。健康というのは、大きく6項目に捉えていて、経済、産業、観光、教育、環境、都市基盤という位置づけで、心と体の健康づくりと、暮らしの環境づくりを「健康」という言葉を使いながら、まちづくりを進めている。

●松本市のまちづくり

　松本駅と松本城、あがたの森の3点を結んだものが、松本市の中心市街地となっている。この中心市街地で多くの整備をやってきた。古くは駅周辺の区画整備で、昭和42年から平成14年にかけて行われた。その他には、南の方に「思いやりの道づくり」の事業を行った。

　中町通りの事業は、まちなみ整備事業で始めた。当時は国道19号線に量販店が進出したため、客足が遠のいた。そこで、松本市では地元の意向で昔ながらの街を再現した。そこから、まちなみ環境事業がスタートした。

写真6.3.1 中町通りの様子

　中町の「蔵のある会館」という拠点となる建物は当初、公園が出来る予定であった。もとは酒屋が廃業になり、そこにマンションが建てられる予定であっ

写真6.3.2 中町蔵の会館

たが、解体するのは「もったいない」と言う事で、公園の計画だった所に移築して、市の施設として建てられたものが、中町の「蔵のある会館」である。

●まちなみ修景事業

　まちなみ修景事業はまちづくり協定が行っているもので、協定に沿って作られた建物・改築物に補助金も出している。補助金は3分の2の300万円を上限に出している。このような町並み修景を通して、蔵を基調とした建物が16軒ほどできた。中町通りは110棟あり、約半数が蔵の街になった。

　縄手通りは堀だった所にできたので、中町通りとは異なる。縄手通りの300mの整備を平成8年から13年までであった。テーマは「縁」としている。ヒューマンスケールから見ても、人と建物が一体になることが分かる。今では、ライトアップも行っている。

写真 6.3.3 縄手通りの様子　　写真 6.3.4 縄手通り

●水辺整備（川辺および井戸）

　水辺整備事業については、女鳥羽川ふるさとの川整備事業である。もともと女鳥羽川は、昭和34年の台風で越水したため改修した。今では、ふるさとの川整備事業が完成した。そのような整備を行って

いる中で、地元の人が「女鳥羽川の自然を考える会」を立ちあげた。この会は、「生物観察会」を開催するなど、色々な企画をした。生物試験区の比較でも、試験を行う前と後では、緑の多さが異なる。ただし、ゴミもたまりやすく、衛生協会からクレームもある。

松本市で一番歴史のある井戸は、「源氏の井戸」というもので、江戸時代から存在する。松本市の文化財になっている井戸である。松本市は盆地になっているため、市街地の水がめとなっている。平成20年には、「平成の名水百選」にも認定された。こういった豊富な地下水を活用するため、中心市街地に新たな井戸を整備し、水めぐりの井戸整備事業を実施した。

活用方法としては、市民の水汲みの場として活用されることもあるが、（災害などにより）停電時、断水時に初動ポンプで水を確保することもできる。他には、回遊性を高めることで、市民の憩いの場にもなっている。

写真6.3.5（左）女鳥羽川の様子　　　写真6.3.6（右）源智の井戸
　　　　　　　（筆者撮影）　　　　　　　　　　　　（筆者撮影）

（5）まとめ

本調査では、松本市におけるまちづくり政策について各学生が抱え

ている問題意識をもとに、景観・観光・都市環境など様々な角度から、調査を行った。その調査の結果では、以下のポイントが確認できた。

［観光］
・長野県は、コンテンツツーリズムにあふれている地域である。
・今後は、地域オリジナルな展開も求められる。

［街並み修景事業］
・松本市では、人口の減少に危機感を感じ、ハード面から、対策を行った経緯がある。
・今後は修景事業などにより、街の魅力を今よりも高め、住民と観光客の双方にポジティブな影響を起こすことが求められる。

［オープンガーデン］
・松本市と小布施町は、両都市ともに行政、市民、企業による「花のまちづくり運動」が展開されている。

［水辺空間］
・川の整備する時に、自然環境保全すると同時に、川の歴史も市民に伝わっている。
・川の周辺を整備する際に、蔵、擬洋風建築、武家屋敷長屋門店舗、井戸などの歴史的なものを活用し、賑やかな集客町になっている。
・松本城周辺地区は宅地化しているため、歴史的文化遺産を生かしたまちづくりを目指している。その一方で、松本は水辺における歴史の保全、再生、継承する課題がまだ残っている。

［交通］
・中心市街地の活性化には公共交通の整備が必要である。その方法として、路面電車の復活なども考えられる。
・歩行者と自動車のスペースの「住み分け」も必要である。

［ゴミ問題］
・廃棄処理量の減量と環境保全を目的として多くの取り組みが行われ、その取り組みは他の都市にも展開された。
・一方で、今後はより一層の住民に対する理解が求められる。
［防災］
・松本市では、想定外の災害をなくすように防災対策を行っている。

　日本の都市では、観光、景観政策、都市環境など、多くの課題が存在するが、そのような中で松本市のまちづくり政策は、積極的にそれらの解決に向けた取り組みが行われている。そのため、現在では都市環境から観光政策に至るまで、優れた「まちづくり」を行っていることが分かった。

＊プロジェクト参加者：
　　上山、中村(D1)、井澤(M2)、河島(M2)、衣川(M2)、ショウ(M2)、
　　玉城(M1)、高(M1)、リュウ(M1)、曹(M1)、高野(研究生)

［事例4］　香取市のまちづくり（2016年度横断プロジェクト）

（1）研究の目的と意義
　本研究は香取市を事例として、各ゼミ生が取り組んでいる研究テーマに沿って、様々な角度から調査分析することにより、香取市におけるまちづくりの実態を明らかにすることを目的としている。また、住民参加と協働においても先駆的な取り組みを行っている。

香取市においては、合併後、財政のスリム化を進めてきたが「今後は、自分らでできることは、自分たちで協働でやる」という、市民協働の意識が現れてきた。市ではこれらの声に応えるため、「市民協働による暮らしやすい人が集うまちづくり」を基本理念とした2017年度までの総合計画をスタートさせた。

　また、市民協働を進めるため「香取市まちづくり条例」を制定し、市民協働を推進している。今回、市民協働と協働に行政と住民が一体となって取り組んでいる本市における、まちづくりについて調査分析し考察することは、意義のあるもとと考える。

図6.4.1 香取市位置図
（出典：香取市ホームページ）

（2）研究の手法

　法政大学大学院政策創造研究科では2016年10月7日から8日にかけて千葉県香取市においてゼミ横断プロジェクトを実施した。

　本プロジェクトは香取市におけるまちづくりに関する研究であり、香取市企画政策課と市民協働課のご協力を得て、ヒアリングとフィールドワークを実施した。

　本研究の手法として香取市に関する文献等による事前調査と同市への事前質問及び横断ゼミ実施当日の担当部局へのヒアリング調査、現地でのフィールドワークを実施している。

（3）本研究でわかったこと

　本調査では、香取市におけるまちづくり政策について各学生が抱えている問題意識をもとに、協働・景観・観光・都市環境など様々な角度から、調査・分析を行った。その結果、以下のことが確認できた。

[協働]
・香取市では産学官民による協働が行われている。
・市民協働指針および、その中で協働の原則を位置付けることで、住民や各団体へ協働を促す有効なガイドラインとなっている。

[教育]
・住民自治協議会が設立されて5年が経過し、地域を横断するNPOが生まれるなどの効果がでてきた。
・住民自治協議会と学校運営協議会の連携の可能性や、住民自治協議会がコミュニティ・スクールの役割を担うという可能性もある。

[大学生の協働と定住]
・香取市は積極的に市外の大学と連携し、まちの特徴と学生の専門を合わせてまちづくりを行っている。
・大学生との協働で、卒業後すぐに香取市に残るなどではなく、第2の学びの故郷として卒業後も関心を持ち、将来の定住と繋がることは望ましいと言える。

[景観]
・香取市では、まちの景観の美観を保つために、歴史まちづくり法を活用し、歴史的建造物や伝統的祭礼行事などの、地域の歴史や伝統を残しながら形成された環境の維持向上に努めている。
・祭り前後に伴い清掃活動を行うなど、伝統文化とまちの景観の継承

を市民協働のまちづくりで実践できている。

[道路の活用]
- 伊能忠敬邸周辺や小野川に架かる樋橋は、歴史あるまち並みを生かしたまちづくりという意味で維持・整備が重要である。
- 道の駅と川の駅「水の郷さわら」は、地域の郷土野菜や料理を味わうことができ、地元をはじめ東京からの訪問客など更なる顧客獲得が望める。

写真 6.4.1(左) 電線の地中化された街路（筆者撮影）

写真 6.4.2(右) 佐原の大祭で曳かれる「佐原の山車」（筆者撮影）

[水辺整備]
- 佐原地区は歴史的町並みを活かし、小野川などの水辺空間で、「水運と水辺の景観を活かしたまちづくり」の取り組みが行われている。
- まちおこしの会社として、2社による役割分担・相互補完の「二眼レフ構造」でまちづくりの取り組みが行われている。
- 水辺整備の課題として、小野川の水質が上流部の水田から流入する粘土質の土壌による汚濁に対する透明度の向上が挙げられる。

[ゴミ問題]
- ごみの減量・資源化・環境保全を目的とした市民主体の活動が多く

展開されている。
- 環境保全活動の参加者が比較的年齢の高い方に固定化されている傾向を市民に広報することで、より幅広い年代の参加意欲を向上する必要性がある。

[防災]
- 近年頻発する豪雨等に関して、まちの貴重な文化財等をためにも緊急時の水防対策の整備が急がれていることが分かった。
- 市民に行政の限界を認識してもらい、市民の減災に関する自助・共助についての理解を深めてもらうことや、豪雨情報の住民周知の方法等について検討されている。

写真 6.4.3 (左) 水辺整備された小野川 (筆者撮影)

写真 6.4.4 (右) 香取市の河川敷での清掃活動

(出典:「香取市総合計画後期基本計画」平成 25～29 年度版)

[インバウンド観光]
- インバウンド観光の拡充に合わせ、様々な取り組みが行われている。
- インバウンド観光政策に地域住民の外国人参加数を増やし、日本人と外国人双方にとって、より良いインバウンド観光政策が求められる。

［参考・引用文献］

1) まちの見方・調べ方-地域づくりのための調査法入門-, 西村幸夫・野澤康 編, 朝倉書店, 2013

2) 2013 年度 横断プロジェクト報告書、法政大学大学院 政策創造研究科、2013

3) 2014 年度横断プロジェクト報告書、法政大学大学院 政策創造研究科、2014

4) 2015 年度横断プロジェクト報告書、法政大学大学院 政策創造研究科、2015

5) 2016 年度横断プロジェクト報告書、法政大学大学院 政策創造研究科、2016

6) 先進事例調査(2013 年度 地域振興事業、中野区地域ブランドアップ協議会報告書、pp. 24-25

*プロジェクト参加者：

上山、衣川 (D1)、高野 (D1)、玉城 (M1)、高 (M1)、リュウ (M1)、伊藤(M1)、浦山(M1)、中井(M1)、井澤 (研究生)、村上 (研究生)

おわりに

　今回、このように「まちづくり研究の基礎」というテーマで、私自身の4年間の大学教員としての経験をもとに学生に教えながら、また時に自分自身も学びながらまとめることができた。

　本書は主に学生がまちづくりの研究を始めるにあたり、研究の"いろは"から具体的な事例研究まで学べるよう工夫している。しかし主要なテーマである"まちづくり"に関しては、あまりにも範囲が広いため、本書で取り上げた内容だけでは決して十分とは言うことができないとも思っている。

　そこのところは他の手段でカバーしていただくとして、読者の皆様には"まちづくり"を学ぶ（研究を始める）にあたって、"まち"の見方や研究方法について、本書から何らかのヒントが得られ、今後の展開に役立つことができれば幸いである。

謝辞

　この4年間、私の授業を受けてくださった学生の皆様がいたからこそ、"まちづくりを研究すること"に関して、いろいろなことを考えることができたような気がする。毎年、授業に必死についてきてくれた学生の皆様に感謝申し上げる。

著者紹介

上山　肇（かみやま　はじめ）

千葉大学大学院自然科学研究科博士課程修了、博士（工学）。
法政大学大学院政策創造研究科博士課程修了、博士（政策学）。
民間から東京都特別区管理職を経て、現職。
行政では都市計画、まちづくり等を歴任。
学会関係では、日本都市計画学会で学術委員会、日本建築学会で環境
工学委員会(都市の水辺小委員会)、建築法制委員会(市街地環境基準小
委員会)、都市計画委員会(地球環境システム小委員会)など各委員を歴
任。行政関係では、国土交通省　国土交通大学校　地域活性化企画研修
講師(2010〜)、岡山県鏡野町公共施設等総合管理計画検討委員会委員
長(2016)などを歴任。一級建築士。
現在、法政大学大学院政策創造研究科教授　研究科長

[主な著書・論文]
みず・ひと・まち−親水まちづくり−(共著、技報堂出版、2016)、親
水空間論−時代と場所から考える新たな水辺−(日本建築学会編、分担
執筆、技報堂出版、2014)、景観まちづくり最前線(自治体景観政策研
究会編、分担執筆、学芸出版、2009)、水辺のまちづくり−住民参加の
親水デザイン−(日本建築学会編、共著、技報堂出版、2008)、実践・
地区まちづくり(共著、信山社サイテック、2004)、一之江境川親水公
園周辺における景観形成の経緯と現状(都市計画論文集 Vol. 49 No3、
2014)他

まちづくり研究法

2017年4月1日　初版発行

著　者　　上山　肇

定価(本体価格1,280円+税)

発行所　　株式会社　三惠社
〒462-0056 愛知県名古屋市北区中丸町2-24-1
TEL 052 (915) 5211
FAX 052 (915) 5019
URL http://www.sankeisha.com

乱丁・落丁の場合はお取替えいたします。
ISBN978-4-86487-650-6 C3036 ¥1280E